ADS-B 信号处理及系统应用

张财生　张涛　张海　陈小龙　著

国防工业出版社

·北京·

内 容 简 介

本书结合作者多年从事 ADS-B 信号处理及其工程应用的科研实践，介绍了基于 1090ES 数据链的民航 ADS-B 信号生成、接收、检测、解码、纠错等信号处理技术，并在分析民航 ADS-B 数据位置信息精度、稳定性等性能的基础上，开展了 ADS-B 数据实时性验证及数据质量提升技术研究，系统阐述了 ADS-B 信息在雷达对空探测性能标校领域的工程应用。

本书注重 ADS-B 技术理论与工程实践相结合，适合作为空中战勤专业、航空管制专业和雷达系统工程专业高年级本科生的教材或参考书，可为从事 ADS-B 系统总体研究的科研和工程技术人员提供参考，也可供从事对空雷达标校相关工作的工程技术人员阅读和参考。

图书在版编目（CIP）数据

ADS-B 信号处理及系统应用 / 张财生等著. —北京：
国防工业出版社，2022.2
  ISBN 978-7-118-12473-6

Ⅰ. ①A… Ⅱ. ①张… Ⅲ. ①航天测控—应答器
Ⅳ. ①V556

中国版本图书馆 CIP 数据核字（2022）第 011622 号

※

国防工业出版社出版发行

（北京市海淀区紫竹院南路 23 号 邮政编码 100048）
北京凌奇印刷有限责任公司印刷
新华书店经售

*

开本 710×1000 1/16 印张 12¼ 字数 260 千字
2022 年 2 月第 1 版第 1 次印刷 印数 1—1000 册 定价 138.00 元

（本书如有印装错误，我社负责调换）

国防书店：（010）88540777 书店传真：（010）88540776
发行业务：（010）88540717 发行传真：（010）88540762

前　言

近 10 年来，ADS-B 成为民用航空领域对空监视的主要手段，在世界范围内得到了广泛应用。空域中民航飞机广播的 ADS-B 信息，具有目标数量多、精度高、信息获取成本低等特点。如果能利用民航飞机播报的 ADS-B 数据，进一步拓展其在各型雷达对空探测性能标定方面的应用，那么传统雷达误差标定中存在的协调飞机配合难、性能验证不充分、成本高、风险大、周期长的问题将得到解决。

自 2008 年开始，我们开展了 ADS-B 信号处理技术研究和 ADS-B 信息用于高精度雷达对空探测性能标校实践。经过多年的技术攻关和迭代研究，针对基于 1090ES 数据链的民航 ADS-B 信号生成接收检测解码纠错、ADS-B 数据位置信息精度稳定性等性能评估和实时性验证及数据质量提升、ADS-B 报文缺时间戳条件下的雷达对空探测性能标校应用，积累了一些科研和工程实践经验。我们通过较低的代价获取大量已知位置的空中非合作目标，作为雷达对空探测性能标校的数据源。该方法实施方便、结果精确，已成为许多工业部门和雷达部队的第一选择，但 ADS-B 的信号特点、使用要求和数据处理技巧分散在各种标准、论文和报告中，且未能针对雷达标校形成一整套应用方法。

本书首先介绍 ADS-B 本身的原理及信号生成、接收、解码纠错等技术，详细分析评估了 ADS-B 位置信息的精度、准确性、稳定性、实时性，对 ADS-B 信息用于雷达对空探测性能的标校应用和数据处理方法进行了阐述、分析和研究，涵盖了 ADS-B 的基本原理、系统组成和 ADS-B 信号处理的关键技术，并对雷达标校应用进行了系统阐述，通过大量实例分析，力求使读者循序渐进掌握 ADS-B 相关信号处理技术和用于雷达标校的方法。

全书内容由 11 章组成：

第 1 章 ADS-B 系统概述，主要介绍了 ADS-B 的概念与基本原理、技术发展历史、可用的数据链和报文格式等内容；

第 2 章基于 1090ES 数据链的 ADS-B 信号生成技术，主要研究了 ADS-B 报文生成的总体方案、CPR 编码生成技术、空中位置报文生成和调制信号生成测试与信号发射验证过程；

第 3 章 ADS-B 信号接收解码及纠错技术，主要研究了 ADS-B 信号接收解码的总体方案、报头检测和数据块信息解码技术、双通道接收解码及纠错方案等；

第 4 章 ADS-B 交叠信号分离技术，主要分析了 S 模式信号在不同密度信号环境下的交叠概率，并对两个交叠信号分离的 PA 算法的分离性能进行了分析、推导及仿真验证；

第 5 章 ADS-B 信号 TOA 测量及广域多站时间同步技术，研究了广域多站定位 WAM 系统以及部分 MLAT 系统在本地测量 ADS-B 信号 TOA 的不同方法，提出了利用空中飞机发射的 ADS-B 信号来进行时间同步的方法；

第 6 章 ADS-B 数据性能分析，研究了直接关系到雷达标校质量的 ADS-B 数据实时性及数据质量提升技术，对 ADS-B 数据能否用于多型雷达误差与性能测试做出了客观的说明与解释；

第 7 章 ADS-B 信息用于雷达性能标校的数据处理方法，提出了对 ADS-B 固定误差及目标回波中心变化引入的误差进行建模的方法，协同高精度雷达的数据，联合估计出了 ADS-B 信息的固定误差，并对 ADS-B 数据与雷达数据之差作了联合修正；

第 8 章 ADS-B 雷达动态性能标校系统研制，主要描述了基于 ADS-B 的雷达动态性能标校设备的研制情况，包括设备的方案设计、主要组成、功能、技术指标、工作原理、性能分析、元器件选型、材料与工艺选择、技术特征、实施途径以及可靠性工程、设计验证、关键技术等；

第 9 章基于 ADS-B 的雷达性能标校工程应用，针对各种平台的雷达性能试验监测需求，提出了标校工程应用流程，分析了 ADS-B 与雷达平台联合系统误差估计理论并开展了实测数据分析，给出了基于 ADS-B 的雷达性能指标评估方法；

第 10 章基于 ADS-B 航迹数据的雷达性能分析应用，提出了基于 ADS-B 和雷达航迹数据的雷达性能逆推分析方案，并基于实测数据开展了实例分析；

第 11 章总结与展望，首先回顾了本书的主要理论成果，然后结合本书研究的范畴，对后续工作中可进一步研究的技术方向给予了展望。

在书稿撰写过程中，张财生博士主要负责全书统稿和第 1、6～9 章的撰写，张涛博士主要负责第 2～5 章的撰写，张海副教授负责第 10 章的撰写，陈小龙副教授负责第 11 章的撰写。何友院士对本书提出了许多宝贵意见，在此表示诚挚的感谢。

由于作者水平有限，书中难免存在一些缺点和错误，敬请广大读者批评指正。

作者

2021.7

目　录

第1章 ADS-B 系统概述

1.1 ADS-B 的概念与基本原理

广播式自动相关监视（Automatic Dependent Surveillance-Broadcast，ADS-B）的含义为：Automatic——自动，"全天候运行"，无需值守；Dependent——相关，只依赖精确的全球卫星导航定位数据；Surveillance——监视，监视（获得）飞机的位置、高度、速度、航向、识别号和其他信息；Broadcast——广播，无需应答，飞机之间或与地面站互相广播各自的数据信息。

ADS-B 将当今空中交通管制中的三大要素即通信、导航、监视重新定义，是国际民航组织（International Civil Aviation Organization，ICAO）推广使用的集空空/空地数据链通信、全球导航卫星系统（GNSS）和监视技术于一体的新技术。ADS-B 可提供更高的精确度和安全性，且不需要地面站的协同帮助，代表了在现有空管（Air Traffic Control，ATC）系统基础上的重大进步，使得飞机不需要地面站的人工控制就能安全飞行。在当前的空中交通管制系统中，ADS-B 实施空对空监视，一般情况下只需机载电子设备，如 GPS 接收机、数据链收发机及其天线、驾驶舱冲突信息显示器（Cockpit Display of Traffic Information，CDTI），通过 ADS-B 接收机与空管系统、其他飞机的机载 ADS-B 结合起来，在空地都能提供精确、实时的冲突信息，不需要任何地面辅助设备。

ADS-B 系统工作原理如图 1.1 所示，系统集通信与监视于一体，由多个地面站和机载站构成，以网状、多点对多点方式完成数据的双向通信，其机载设备由信息源、信息传输通道和信息处理与显示三部分组成，机载设备的主要信息是飞机的四维位置信息（经度、纬度、高度和时间）和其他可能的附加信息（冲突告警信息、飞行员输入信息、航迹角、航线拐点等信息）以及飞机的识别信息和类别信息。此外，还可能包括一些别的附加信息，如航向、空速、风速、风向和飞机外界温度等，而这些信息可以由以下航空电子设备得到。

（1）全球卫星导航系统（GNSS）。

（2）惯性导航系统（INS）。

（3）惯性参考系统（IRS）。

（4）飞行管理器。

（5）其他机载传感器。

具体工作中，机载 ADS-B 通信设备以广播的形式，播报自机载信息处理单元收集到的导航信息，接收其他飞机和地面的广播信息后经处理送给机舱综合显示器。机舱综合信息显示器根据收集到其他飞机和地面的 ADS-B 信息、机载雷达信息、导航信息后给飞行员提供飞机周围的态势信息和其他附加信息，同时 ADS-B 地面站通过上行链路可以向飞机提供空中交通态势信息（Traffic Situation Information-Broadcast，TSI-B）、飞行情报服务及图形化气象服务（Graphic Weather Service，GWS）等。

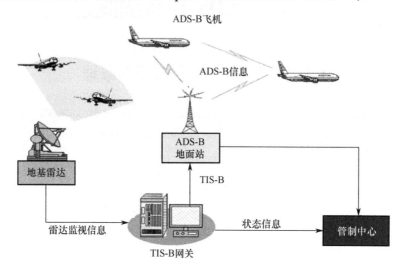

图 1.1　ADS-B 系统工作原理

1.2　ADS-B 技术发展历史

在 ADS（基于卫星定位和地/空数据链通信的航空器运行监视技术，最初是为越洋飞行的航空器在无法进行雷达监视的情况下，希望通过卫星实施监视所提供的方案）基础上发展起来的 ADS-B 技术，不仅可用于无雷达区域的远程航空器运行监视，而且与雷达监视技术相比，具有使用成本低、精度误差小、监视能力强、安全性高等明显优势。

1991 年，ADS-B 技术首次在瑞典首都 Bromma 机场成功演示，利用自组织时分复用（S-TDMA）VHF 数据链广播飞机的位置。随后美国提出利用二次监视雷达的 S 模式长报文格式自发广播飞机的 GPS 位置，作为 ADS-B 的另一种技术。

美国联邦航空局（FAA）于 2007 年 5 月批准了 ADS-B 用于阿拉斯加地区的空中交通管制，为 ADS-B 在全美的使用奠定了基础，并确定在商用飞机上使用 S 模式。澳大利亚从 2003 年开始实施 ADS-B 高空覆盖计划，实现了雷达和 ADS-B 对澳大利亚的覆盖，其民航部门在 2012 年强制所有的飞机安装该设备。在欧盟，Eurocontrol 在 2008 年要求成员国开始进行 ADS-B 网的建设，同时也要求欧洲的航空公司安装 ADS-B 设备。ICAO 也颁布了指导 ADS-B 系统建设和运行的标准和建议，使其成为航空监视系统的主流。因此，ADS-B 已被航空界和国际民航组织公认为取代二次监视雷达的新一代监视技术，有着十分广阔的应用前景。

在 ADS 技术应用方面，中国航空的起步并不晚。1998 年，中国航空为了探索新航行系统发展之路，促进西部地区航空运输发展，在国际航空组织新航行系统发展规划指导下，抓住中国西部地区开辟欧亚新航路的战略机遇，启动了第一条基于 ADS

技术的新航行系统航路（L888 航路）建设。L888 航路装备了 FANS 1/A 定义的 ADS-C 监视工作站，并在北京建立了网管数据中心。2000 年，系统完成了评估测试并投入运行；2004 年建成了北京、上海、广州三大区域管制中心，三大区管中心配套的空管自动化系统都具备 ADS 航迹处理能力。经验证，系统可以处理和显示基于 ACARS 数据的自动相关监视航迹，也可以实施"航管员/飞行员数据链通信"，标志着中国航空的主要空管设施具备了 ADS 监视能力。随着我国航空公司机队规模扩大和机型的更新，近年来许多航空器都选装了适合新航行系统的机载电子设备，具备了地空双向数据通信能力。

对新一代监视技术 ADS-B，我国也一直在研究和跟踪其在世界范围内的发展形势，并将 ADS-B 技术作为我国航空监视系统发展的重点。2007 年，民航局空管局制定了《中国民航 ADS-B 技术政策》，确定了商用航空和通用航空应用 ADS-B 技术的数据链，其中商用航空选择 S 模式长报文格式（1090 MHz Extended Squitter，1090ES）作为其数据链。中国民航飞行学院是中国最早使用 ADS-B 的民航单位，2009 年国家 863 重点项目"国产 ADS-B 系统"在中国民用航空飞行学院绵阳分院 7910 号机上实施验证飞行。通过与民航数据通信有限责任公司、九洲电器集团公司第三研究所长达 3 年的共同研发，经地面测试，各项技术符合设计要求。为进一步验证该系统的性能，经适航部门批准，按照《CESSNA172 基本型飞机搭载实验国产 ADS-B 系统实施方案》的要求，于 2009 年 12 月 15 日完成了垂直覆盖顶空盲区、水平覆盖、升降速率精度校验、位置精度、方位精度、高度精度、速度精度、数据刷新率、数据的连续稳定性测试，航班号的输入与显示，测试 24 位地址码的显示等测试飞行 120h。在实际工程运用方面，也开展了一系列研究，包括：成都—九寨 ADS-B 应用监视系统及试验系统评估验证工程；成都—拉萨航线监视工程项目；西沙 ADS-B 实验系统建设情况研究；B215 航路空管新技术应用工程。成都—九寨 ADS-B 应用监视系统工程对 ADS-B 系统的技术性能以及在我国民航空管应用的可行性进行了评估和检验，为我国 ADS-B 技术政策、技术标准、运行程序的制定提供了依据，并且改善了航线监视覆盖情况。成都—拉萨航线监视工程项目实现了成都到拉萨航线主要高度层的 ADS-B 单连续覆盖，并为管制部门提供了监视参考。西沙 ADS-B 试验系统作为西沙雷达的补充，加强了对南中国海的空域监视能力，收集飞行统计数据，用于分析该区域机队的 ADS-B 机载设备能力。由民航空管技术装备发展公司自主开发研制基于 RTCA DO-260B 技术标准的 ADS-B 1090ES 接收机 ADS-B2000A 在云南丽江机场完成了安装调试和验证运行，标志着国内企业在航空器监视新技术领域取得了重大进展。而 B215 航路空管新技术应用工程与"十一五"期间建设的雷达配合实现 B215 航路的双重覆盖，为研究分析雷达和 ADS-B 信号融合和显示方法提供了范例。

ADS-B 在我国的系统建设情况如表 1.1 所列，在西部地区的 ADS-B 建设，实现了 ADS-B 监视下的类雷达管制；在东部地区的繁忙航路建设的 ADS-B 监视系统，实现了航路覆盖及 5 n mile（1 n mile=1.852 km）管制间隔；在东部繁忙机场建设的 ADS-B 监视系统，应用多点定位技术，结合场面监视雷达，逐步实现了高级地面活动引导与控制，达到了对机场场面航空器及车辆的监控、路径规划和引导。

表 1.1 ADS-B 在我国的系统建设情况

监视类型	西部非繁忙地区	西部繁忙地区	东部地区
空空监视	跟踪国际 ADS-B 空-空应用最新进展,并进行相应的研究数据链选择:1090ES(S 模式)		
航路监视	以 ADS-B 为主,从 ADS-B 监视下的程序管制逐步过渡到 ADS-B 管制	雷达和 ADS-B 相结合	继续完善雷达监视
终端区监视	ADS-B 作为监视手段	以雷达作为主要监视手段,利用 ADS-B 补盲	
场面监视	场面监视雷达、多点定位和 ADS-B 相结合的综合监视系统		

1.3　机载 ADS-B 可用的数据链

目前,ADS-B 有 3 种可选用的数据链,分别为 1090MHz S 模式长报文格式数据链 1090ES、万能电台数据链(UAT)和甚高频数据链模式 4(VDL Mode 4)。使用 UAT 和 VDL Mode 4 两种数据链都需要加装新的机载设备,而使用 1090ES 数据链只需要对原有的 S 模式机载应答机进行简单升级,即可实现 ADS-B 功能。因此,选择 S 模式数据链作为 ADS-B 的通信链路相较于另两种数据链具有明显的经济效益。美国联邦航空局、欧洲空中交通管制组织等机构通过大量的分析、论证和试验后,一致同意采用 S 模式 1090ES 作为实施 ADS-B 的主用数据链,同时 1090ES 也是 ICAO 唯一推荐使用的 ADS-B 数据链。美国在商用航空采用 1090ES,欧洲主用 1090ES。3 种数据链的技术特点如表 1.2 所列。

表 1.2　3 种数据链的技术特点

数据链	VDL Mode 4	UAT	1090ES
创始单位	欧洲瑞典	美国 MITRE	美国 FAA
工作频率	航空 VHF 频段	900~1000MHz	1090MHz
数据调制	GKSK 或 D8PSK	PFSK	PCM
数据率	19.2kb/s	1Mb/s	1Mb/s
电文结构	超帧结构,4500 个时隙,每秒 75 个时隙(每个时隙 13.33ms)	帧结构,每秒一帧,188ms(22 个时隙)为上行;812ms 为下行。下行基本 ADS 报告可以 128 位,下行扩展 ADS 报告可以 256 位。上行每个 RSBlcck 为 2040 位	每 5s 一次 56 位自发报告(包含飞机识别),每秒一次 112 位扩展自发报告(包含飞机位置),也可加发 112 位附加报告

1.4　机载 ADS-B 1090ES 报文格式

1090ES 最初是由美国麻省理工学院林肯实验室提出的一种基于 S 模式应答机的技术。在 ADS-B 概念出现后,林肯实验室对二次雷达 S 模式机载应答机进行了改进,利用应答机在应答地面二次雷达和其他飞机的 TCAS 询问的空余时间段,将飞机的位置、高度、速度、地址等数据向外广播。国际民航组织下设的 ADS 改进与防撞系统专家小组就其标准化问题进行了探讨并认可。该系统采用的信号格式为 S 模式 Extended Squitter,也称为 GPS Squitter,由 112 个信息脉冲构成,传输速率可达 1Mb/s。安装有 ADS-B 的飞机使用改进后的 S 模式应答机定期广播它的识别号、位置和海拔高度,以及速度、飞行方向等附加信息。

ADS-B 消息格式结构如表 1.3 所列,在每个传输类别的前 5 个比特位为下行数据链格式(Downlink Format,DF)字段,紧接着的 3 个比特位应遵循这样的定义:若 DF=17,则该 3 个比特位为 CA 字段;若 DF=18,则该 3 个比特位为 CF 字段;若 DF=19,则该

3 个比特位为 AF 字段。

表 1.3 ADS-B 消息格式结构

比特位的序数	1~5[5]	6~8[3]	9~32[24]	33~88[56]	89~112[24]
字段名	DF=10001	CA	AA ICAO 地址	ADS-B 消息 ME 字段	PI
	DF=10010	CF=000	AA ICAO 地址	ADS-B 消息 ME 字段	PI
		CF=001	AA 非 ICAO 地址	ADS-B 消息 ME 字段	PI
	DF=10011	AF=000	AA ICAO 地址	ADS-B 消息 ME 字段	PI
顺序	高→低	高→低	高→低	高→低	高→低

ADS-B 消息使用的传输格式为：DF=17、DF=18 且 CF=0 或 1、DF=19 且 AF=0。根据美国航空无线电委员会 DO-181C 协议，所有下行数据链格式中的第一个"DF"字段是可进行编码的传输描述符。DF=19（二进制为 10011）格式预留为军事应用，非军事应用的 ADS-B 系统不应使用此格式。

DF=17（二进制为 10001）格式用于 S 模式应答机发射的 ADS-B 信息。若 DF=17，CA 字段表征了 S 模式应答机的通信能力；AA 字段为应答机 24 个比特位的 ICAO 地址；消息扩展（Message Extended，ME）字段包含 ADS-B 消息；信息校验码（Parity/interrogator Identifier，PI）字段为 CRC24 校验位，详细介绍参见第 2 章。

DF=18（二进制为 10010）格式用于非 S 模式应答机发射的 ADS-B 消息，CF=0 或 1 时，其字段含义和 DF=17 一致。

由于本书所要实现的是 ADS-B 消息中位置（经度、纬度和高度）信息调制信号的生成，所以仅介绍 DF=17 格式中关于位置信息编码的格式结构。空中位置消息"ME"字段各部分意义如表 1.4 所列。

（1）"ME"字段的前 5 位为类型编码（Type Code，TC）大致是由以下 3 个因素决定（如无特别说明，皆指在 DF=17 的情况下）。

① 是广播空中位置还是地面位置。

② 高度采用的是气压高还是 GNSS 高度。

③ 位置信息的精确度。

若 TC 取值为 5~8，表示地表面位置编码且无高度信息，具体取值由位置信息精确确定，精度越高值越小；若 TC 取值为 9~18，表示是空中位置信息编码，高度信息为气压高，具体取值同上所述；若 TC 取值为 20~22，表示是空中位置信息编码，但是高度信息为 GNSS 高度。

表 1.4 空中位置消息"ME"字段各部分意义

比特位的序数	33~37[5]	38~39[2]	40[1]	41~52[12]	53[1]	54[1]	55~71[17]	72~88[17]
ME 中位置	1~5	6~7	8	9~20	21	22	23~39	40~56
字段名称	编码类型	监视状况	单/双天线	高度信息	时间[T]	CPR 格式	纬度编码	经度编码
顺序	高→低	高→低	高→低	高→低	高→低	高→低	高→低	高→低

（2）"监视状况"子字段位于"ME"字段的第 6 和第 7 比特位，当"ME"包含飞机位置报告时，该子字段用于应答机发送监控状态报告。"监视状况"子字段代码具体含义如表 1.5 所列。

表 1.5　"监视状况"子字段代码具体含义

编　　码		含　　义
二进制	十进制	
00	0	正常状态，无特殊情况
01	1	持续报警（紧急状态）
10	2	临时报警（A 模式的特性变动时，而非紧急状态）
11	3	特殊的位置识别情形（SPI）

（3）"单/双天线"子字段位于"ME"字段的第 8 比特位，该字段用于表示 ADS-B 发射子系统运行时采用的是单天线还是双天线。当使用一个天线的发射功能模块时始终将此字段设置为 1；当在双天线通道运行时，将此字段设置为 0。

（4）"高度"子字段位于"ME"字段的第 9～20 比特位，该字段包含了 ADS-B 发射子系统的高度。大气压高度是相对于 101.325 kPa 标准大气压而言的，在"Type"代码值为 9～18 时，空中位置消息中的"高度"子字段将报告该大气压高度，在"Type"代码值为 20～22 时，该子字段报告的是 GNSS 高度，其中"ME"字段的第 16 比特位被指定为 Q 比特，用于指示高度的增长单位。若 $Q=0$，表明高度以 100 英尺①的增量进行编码。若 $Q=1$，表明在第 9～15 比特位，以及第 17～20 比特位对高度进行编码，并以 25 英尺为增长单位，十进制数字 N 的二进制用于报告其范围为 $25N-1000\pm12.5$ 英尺 的大气压高度。该子字段的有效比特位是 9，可以提供在 $-1000\sim+50175$ 英尺内的代码值，高于 50175 英尺时用 $Q=0$ 的高度编码。若不能获得高度数据，那么高度子字段所有的比特位应设置为 0。

（5）时间 T 位于"ME"字段的第 21 比特位。对于空中位置消息中水平位置数据，该子字段指出有效时间点是否是准确的 0.2s UTC 时间点。若位置数据可适用时间与准确的 0.2s UTC 时间点同步，该子字段应设置为 1；否则为 0。时间同步机制虽已有明确规定，但在现有的机载设备上，都采用的是非时间同步机制，即时间 $T=0$。

（6）简洁位置报告（Compact Position Reporting，CPR）格式（F）子字段位于"ME"字段的第 22 比特位，该子字段用于指出 CPR 的格式类型为对经度与纬度数据的编码是奇帧还是偶帧。在 $T=0$ 情况下，CPR 编码类型在偶或奇之间交替，CPR 格式（F）子字段在 0 与 1 之间交替出现，每次交替空中位置消息寄存器将更新位置数据。

（7）纬度编码子字段位于"ME"字段的第 23～39 比特位，该字段包含着空中位置的编码纬度。

（8）经度编码子字段位于"ME"字段的第 40～56 比特位，该字段包含着空中位置的编码经度。具体的编码方式见 2.2 节。

1.5　ADS-B 的其他应用

发展 ADS-B 的首要目的是用于航空监视服务，但是由于其具备强大的功能，在该系统被开发出来后，又衍生出很多其他应用。

---

① 1 英尺=0.3048m。

1．监视功能

利用 ADS-B 技术，飞机可以实现在航路上的相互监视，在终端区域由地面站进行监视，在二次雷达监视盲区的机场区域由塔台监视，从而真正实现在飞行全过程（从登机门到登机门）的无缝监视。

2．防撞功能

安装有 ADS-B 的飞机不仅可以接收到其他 ADS-B 飞机的广播信息，还可以通过 ADS-B 地面站的上行链路获取空中交通态势信息。机载的防撞系统根据这些信息来实时计算是否有潜在的冲突、发出告警和避让措施建议。

3．辅助进近

在有平行跑道的机场，两条跑道同时进近的情况下，为了防止仪表着陆系统的相互干扰，相邻两跑道横向间隔需大于 4300 英尺。使用 ADS-B 系统后，飞行员可以通过 CDTI 进行监视，平行跑道的间隔可以缩小至 2500 英尺，增加了机场的使用效率。

4．在小型通用飞机上的应用

通用飞机通常是指进行农林作业、消防、旅游、救援、教学等飞行的航空器。由于通用飞机一般在低空飞行，空管二次雷达难以无缝覆盖，以致空管单位无法进行有效监控。而随着我国逐步开放低空区域，通用航空器的数量大大增加，对低空飞行的航空器全面的监视和导引是必不可少的。ADS-B 在小型通用飞机上的应用可使飞行员从 CDTI 上得到导航信息、地形警示信息、气象雷达信息、交通服务信息、邻近飞机广播信息等目前无法得到的飞行信息，大大提升飞行的安全性。

因此，ADS-B 技术把冲突探测、冲突避免、冲突解决、ATC 监视和 ATC 一致性监视以及机舱综合信息显示有机地结合起来，增强和扩展了新航行系统的功能。

1.6 小 结

面对日益拥堵的航路和愈加繁忙的机场，对飞机的监视迫切需要足够的探测精度以减小最小安全飞行间隔，从而提高空域容积率，促进了新一代空管监视技术 ADS-B 的开发应用。本章对 ADS-B 的概念、工作原理及 S 模式在 ADS-B 中的应用作了较详细的介绍。由于 S 模式数据链（1090ES）是 ICAO 唯一推荐的 ADS-B 数据链并得到了广泛的应用，因此本章特别对 S 模式 DF=17 号编码方式作了详细介绍，这是第 2 章 ADS-B 空中位置信息调制信号生成所参考的格式依据。

参 考 文 献

[1] 李耀. 基于模式 S 的 ADS-B 系统研究[D]. 成都：电子科技大学，2008.

[2] 苑文亮. 基于 ADS-B 信息的雷达标校与目标模拟技术研究[D]. 烟台：海军航空工程学院，2009.

[3] GRAPPEL R D, WIKEN R T. Guidance Material for Mode S-Specific Protocol Application Avionics ATC-334 [R]. Boston：Lincoln Laboratory，2007：23-42.

第2章 基于1090ES数据链的ADS-B信号生成技术

本章将阐述基于1090ES数据链的ADS-B空中位置信号的生成和实现技术。首先介绍报文生成总体方案设计，然后介绍空中位置信息的CPR编码算法，并对所编码的位置信息的精度进行分析；而后根据编码要求和选定的硬件环境对实现空中位置信息的报文生成进行整体设计；对在实现位置信息的获取、编码和报文生成过程中遇到的关键问题进行分析；最后基于原理试验系统，用ADS-B空中位置报文调制1090MHz信号源进行发射试验，并对生成的调制信号的正确性进行验证。

2.1 报文生成总体方案设计

报文生成总体方案设计的主要目的是将搭载平台的实时GPS定位信息通过1090ES数据链发射出来，并正确接收。图2.1所示为信号发射部分示意框图，搭载平台的定位信息来自高精度的差分GPS接收机；信号调制模块提取GPS数据中的经度、纬度和高度数据（和民航飞机广播的高度信息来源有所不同，民航飞机采用的是气压高，这里采用的是GNSS高度），并对位置信息进行CPR编码，加上其他一些标识信息形成S模式1090ES信号格式的调制信号；调制模块通过调制开关对1090MHz的信号源进行调制，经过功率放大器对信号进行放大后用全向天线向外发射，其中最关键也是最主要的工作是设计并实现ADS-B空中位置信息调制模块。

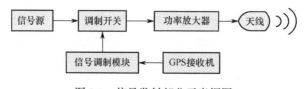

图2.1 信号发射部分示意框图

2.1.1 位置信息的获取及精度分析

对空间位置有多种坐标表示方法，但在全球范围内确定物体位置采用最为广泛的是GPS坐标系。其使用经度、纬度和高度来唯一表示地球上某个物体所处的位置。鉴于GPS的高精度及其广泛的应用，本方案将通过GPS接收天线和解码板卡来获取搭载平台的实时位置信息。

用户利用GPS接收机可在世界上任何地方通过GPS接收机获得自身的位置信息。GPS系统在空间布设24颗导航卫星（21颗工作卫星、3颗备用卫星），可保证在全球任何地方、任何时间都可观测到4颗以上的卫星。用户使用GPS信号接收机，捕获卫星信号，测量出接收天线至卫星的伪距离和距离的变化率，解调出卫星轨道参数等数据。根据这些数据，接收机中的微处理计算机就可按定位解算方法进行定位计算，计算出用户所在地理位置的经纬度、高度、速度、时间等信息。

在 2.2.3 节 CPR 编码算法精度分析中将提到，CPR 空中位置编码的精度可达到 5m 左右。下面将分析 CPR 能否满足导航定位的需要。

GPS 的定位精度和其使用方法有关，可分为两类：第一类为绝对定位，第二类为差分定位。绝对定位又可分为精密定位和标准定位。精密定位的精度很高但从未公开，标准定位的精度可达 40m。差分法测量定位主要有伪距差分和载波相位差分两种方法。

（1）伪距差分法。伪距差分法是在固定的基准点对用 GPS 系统测出的伪距与用户星历数据、基准点坐标数据计算出的伪距进行比较，得出伪距的修正量传给用户，对用户接收机测得的伪距先进行修正，然后求解用户坐标。这种方法消除了用单台接收机定位时的许多误差，提高了精度。它的主要优点是：用户可以根据自己的需要选用不同的星座，而且用户的数量可以不受限制，可将接收机直接安装在被测目标载体上获得校正数据，进行实时定位测量。其缺点是：必须设置基准台并进行实时传输和校正，不能事后处理。基准台硬件设备比较复杂，一般用户不易实现。

（2）载波相位差分法。载波相位差分法是一种建立在实时处理两个测量站载波相位基础上，更加精密的一种测量方法。它能实时提供观测点的三维坐标，并达到 1 m 以内的测量精度。与伪距差分原理相同，由基准站通过数据链将其载波观测量及站坐标信息一同发送给用户站，用户站接收的 GPS 卫星载波相位与来自基准站的载波相位合并组成相位差分观测值进行实时处理，给出定位结果，其实现方法也是将基准站采集的载波相位发送给用户台，进行坐标求解。相位观测量实际是指卫星信号与接收机本地信号之间的相位差。GPS 信号被接收机接收后，首先进行对卫星信号的延时锁定跟踪，一旦跟踪成功，卫星伪随机码便与接收机本地伪随机码严格对齐，之后实现相位锁定。此时，卫星载波信号的相位便与本地信号的相位相同，本机信号的相位与其初始相位的差即为载波相位观测量。相位差的测量利用两个波信号间的相位差来完成。如果信号周期以"秒"定义，以信号振荡器的频标作为测量时间的标准，利用电波在真空中的速度以及介质中的折射率和其他修正因素，就可将观测量从时间转换为距离，一个周期的时间相当于一个波。对于 GPS 的 L_1 频段，波长为 19cm，理论上可达到 20cm 精度，实际考虑各种误差，也能达到 1 m 以内的定位精度。如果采用载波模糊度求解，利用测量载波信号相位进行相对测差可达到 10cm 的精度；定点测量即两定点间距离测量精度更高，可达到 1mm 的精度。

本章所用的 GPS 接收设备采用差分法测量进行定位。GPS 接收设备性能指标如表 2.1 所列，其 1m 左右的定位精度相对于民航飞机几十米的尺寸来说，完全可以满足要求。

表 2.1　GPS 接收设备性能指标

单点定位精度	差分 GPS 精度	速度精度	时间精度
1.5m	0.6m	0.05m/s	20ns
重捕获	速度	数据更新率	高度
1s	<515m/s	达 10Hz	18288m

2.1.2 信号调制模块设计

信号调制模块的设计和实现是本章的主体，其信号调制模块系统框图如图 2.2 所示。其输入为 GPS 板卡通过串口发送的 GPGGA 格式数据，输出为 1090ES 格式的空中位置报文，同时对 GPS 输出的数据格式进行控制。信号调制模块的主要功能是按照 1090ES 格式的要求将位置信息经过一系列编码转化为可用的调制信号。

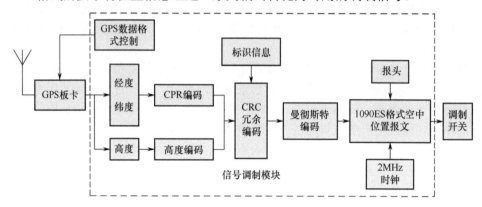

图 2.2   信号调制模块系统框图

按照时间顺序，调制模块的工作步骤可分为以下几步。

（1）产生 GPS 控制命令通过串口对 GPS 板卡进行初始化，使其输出所需要的带有经纬度、高度的 GPGGA 数据。

（2）对 GPGGA 数据接收、判断和提取经纬度及高度信息，并将其由实数表示转换为单精度浮点表示。

（3）对经纬度信息进行 CPR 编码。

（4）对高度进行带有偏移量的高度编码。

（5）将经纬度编码和高度编码加上标识信息形成 88bit 的信息主体。

（6）对 88bit 的数据进行冗余校验编码（Cyclic Redundancy Check，CRC），并将这 24bit 校验码加在 88bit 的信息码之后，形成 112bit S 模式长报文格式信息。

（7）对 112bit 数据进行曼彻斯特编码。

（8）将报头加到经过曼彻斯特编码的数据前端，用 2 MHz 的时钟频率将其逐位输出（采用 TTL 电平）。

2.2   CPR 编码生成技术

在采用 1090ES 数据链的 ADS-B 系统中，为了减少飞机的经度和纬度信息所占比特位的个数，提高 ADS-B 消息的传输效率，对经度和纬度采用简洁位置报告 CPR 编码算法。CPR 可以被看作一个坐标系统或者一套坐标转换算法。

2.2.1 CPR 编码算法的基本原理

CPR 编码算法的提出是为了以尽量少的比特位传输一定精度的经纬度信息。在每个消息中不再发送长时间不变的几个高阶位。例如，在纬度二进制编码中，有一位专门用于指明飞机是位于南半球还是北半球。由于该位在一个相当长的时间内保持不变，因此在发射位置消息时，不需要重复发送该位；否则会影响传输效率。由于高阶位不发送，因此地球上的多个位置将产生相同的编码位置。如果只是收到单个的位置信息，解码时将包含不明确性，难以确定多个位置中的哪一个是飞机的正确位置。

CPR 编解码技术可使接收系统明确地确定飞机的正确位置。这是通过两种稍微不同的编码来实现的。这两种形式的编码，称为偶编码和奇编码，两者交替形成，在解码时也需要奇偶帧数据的配对才能正确地解出位置信息。

1. 纬度区域和经度区域

在 CPR 坐标系中，地球被分成多个区域。纬度区域从赤道开始到两极；经度区域从本初子午线开始向东环绕地球一周。在南北方向上的纬度区域大约为 360n mile 高；在东西方向上的经度区域同样大约为 360n mile 宽。为了尽量让每个区域宽度保持常量，经度区域的数量随着纬度的升高逐渐减少。

在纬度和经度上存在着两套大小稍微有点差别的区域。一套称为偶区域，另一套称为奇区域，图 2.3 所示为纬度区域和经度区域边界线，描述了在全球范围内的纬度和经度区域，其中对于纬度奇偶区域划分来说，小圈为奇区域边界线，相邻的大圈为偶区域边界线；对于经度奇偶区域划分来说，左竖线为奇区域边界线，相邻的右竖线为偶区域边界线。

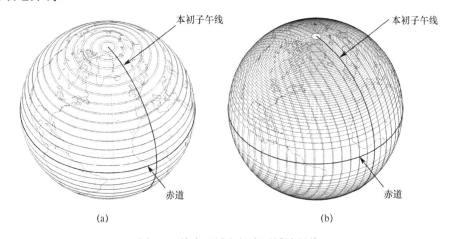

图 2.3　纬度区域和经度区域边界线

（a）纬度奇偶区域划分；（b）经度奇偶区域划分。

图 2.4 所示为纬度区域编码，对于纬度区域，奇偶都是从赤道向北极编码，绕过北极和南极后回到赤道。奇区域被分为 59 等份，每个区域垂直方向近似为 6.10°；偶区域被分为 60 等份，每个区域在垂直方向是精确的 6°。由图 2.4 可知，纬度区域的尺寸可表示为

$$\text{Dlat}(i) = \frac{360°}{4 \times \text{NZ} - i} = \begin{cases} 6.00° & i = 0 \quad (\text{偶编码}) \\ 6.10° & i = 1 \quad (\text{奇编码}) \end{cases} \tag{2.1}$$

式中：NZ 为在赤道和南/北极之间的纬度区域的数量。NZ＝15，即以赤道为中线，赤道至北极有 15 个纬度区域，赤道至南极有 15 个纬度区域，如图 2.4 所示。

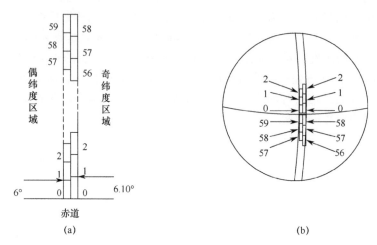

图 2.4　纬度区域编码

（a）北半球纬度奇偶编码；（b）南北半球纬度奇偶编码。

经度区域的尺寸（角度）由式（2.2）表示，即

$$\text{Dlon}(i) = \begin{cases} 360°/[\text{NL}(\text{Rlat}_i) - i] & \text{NL}(\text{Rlat}(i)) - i > 0 \\ 360° & \text{NL}(\text{Rlat}(i)) - i = 0 \end{cases} \tag{2.2}$$

式中：NL(x) 为对应于纬度为 x 时经度区域的数量，其取值范围为 1～59。经度区域的数量 NZ 值由下式给出，即

$$\text{NL}(\text{lat}) = \text{floor}\left(2\pi \times \left[\arccos\left(1 - \frac{1 - \cos\left(\dfrac{\pi}{2\text{NZ}}\right)}{\cos^2\left(\dfrac{\pi}{180°}\right) \times |\text{lat}|} \right) \right]^{-1} \right) \tag{2.3}$$

式中：floor(x) 为下取整函数；NZ＝15；lat 为以弧度表示的纬度。

2. 纬度 Bin 和经度 Bin

为了确定飞机在每个区域中的具体位置，CPR 算法将每个区域进一步细分为许多个单元 Bin。每个区域中 Bin 的数量为 2^{Nb}，这与 ADS-B 位置消息的类型有关，对于空中位置消息，Nb＝17。

图 2.5 所示为区域内 Bin 编码。纬度 Bin 的编号表示为 YZ，经度 Bin 的编号表示为 XZ，它们具有相同的含义。YZ 的编号从低纬度向高纬度增加，XZ 的编号从西往东增加。

CPR 算法通过将地球划分为不同编号的区域，再将每个区域进一步划分为更小的 Bin，实现了对整个地球球体表面的数字编码。

12

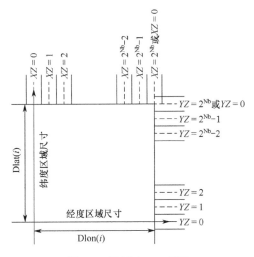

图 2.5　区域内 Bin 编码

2.2.2　CPR 编码算法的实现

对空中位置信息的 CPR 编码分为奇、偶两种编码类型，其具体的实现步骤如下。

（1）根据 CPR 编码的奇偶性，由式（2.1）确定南北向纬度的尺寸 $\mathrm{Dlat}(i)$。

（2）将输入的纬度数据转化为 YZ_i 纬度坐标输出（CPR 坐标纬度）。输入的纬度是一个实数，而输出的纬度坐标 YZ_i 是一个整数（对于空中位置 $0 \sim 2^{17}-1$）。YZ_i 的值还与输入纬度 lat 符号的正负有关，即

$$YZ_i = \mathrm{floor}\left[2^{Nb} \times \frac{\mathrm{MOD}(\mathrm{lat}, \mathrm{Dlat}(i))}{\mathrm{Dlat}(i)} + \frac{1}{2}\right] \tag{2.4}$$

式中：$\mathrm{MOD}(x, y)$ 为求余函数，对一个含有符号的纬度进行奇偶编码后，虽然奇偶编码后的纬度值没有符号，但是可以通过一对奇编码和偶编码来唯一确定含有符号的纬度。

（3）将 CPR 纬度坐标 YZ_i 还原。因为在对纬度进行 CPR 编码时，进行了舍入处理，故在绝大多数情况下，编码后的 YZ_i 值与输入的纬度值有细小的差别，还原后的纬度值为

$$\mathrm{Rlat}(i) = \mathrm{Dlat}(i) \times \left[YZ_i / 2^{Nb} + \mathrm{floor}(\mathrm{lat} / \mathrm{Dlat}(i))\right] \tag{2.5}$$

（4）由 $\mathrm{Rlat}(i)$ 确定 NL 和 $\mathrm{Dlon}(i)$。采用 $\mathrm{Rlat}(i)$ 确定 NL 可以确保 YZ 的转化值与用于经度编码的 NL 值一致。同时，本步骤也保证了只有 NL 的一个值可用于单个纬度 Bin 中的任意纬度，将 $\mathrm{Rlat}(i)$ 代入式（2.3）确定经度区域的数量 NL，然后由式（2.2）得到经度区域的尺寸 $\mathrm{Dlon}(i)$。

（5）将输入的经度数据转化为 XZ_i 经度坐标输出（CPR 坐标经度），其转化方法同纬度，有

$$XZ_i = \mathrm{floor}\left[2^{Nb} \times \frac{\mathrm{MOD}(\mathrm{lon}, \mathrm{Dlon}(i))}{\mathrm{Dlon}(i)} + \frac{1}{2}\right] \tag{2.6}$$

式中：lon 为输入的经度数据。

（6）提取 YZ_i 和 XZ_i 中最后的 17 位（对于空中位置信息）

$$\begin{cases} YZ_i = \mathrm{MOD}(YZ_i, 2^{17}) \\ XZ_i = \mathrm{MOD}(XZ_i, 2^{17}) \end{cases} \tag{2.7}$$

到此就完成了对空中位置信息的 CPR 编码。

2.2.3 CPR 编码算法精度分析

一般中型飞机的尺寸在几十米左右，以广泛使用的波音 737-300 为例，其翼展为 28.9m，机身长 33.4m。对于 S 模式二次雷达，以美国西屋公司为联邦航空局生产的二次监视雷达为例，其距离精度为 9.5m，方位精度为 0.08°（在 200km 的距离上的宽度为 279m）。而 ADS-B 数据的精度完全由其下发的位置信息决定。对于空中位置信息，在 ADS-B 报文中分别有 17 个比特位来编码纬度和经度，9 个比特位来编码高度信息。

表 2.2 所列为 CPR 纬度编码精度。对于纬度信息的 CPR 奇偶编码，由于对区域的划分有一点差别，其精度也略有不同。从表 2.2 可以看出，对纬度的 CPR 编码的精度可达 5m，对经度编码的精度也在同样的数量级，对高度的编码精度在±3.81m 内。可以得出，在输入源数据精确的情况下，CPR 编码的精度将比先进的 S 模式二次雷达精度更高，完全可以满足飞机监视导航的需要，其精确的位置数据信息已用于军事领域。在对雷达的标校中，出现了一种经济、高效的标校方法，这种标校方法就是利用安装有 ADS-B 的民航飞机播报的精确位置信息作为飞机飞行的真实航迹，然后通过某种标校算法对接收到的同一架飞机的 ADS-B 数据和雷达探测数据进行比对，获得雷达的系统误差，完成对雷达的校准工作。

表 2.2 CPR 纬度编码精度

位置类型	Nb	编码个数	区域宽度/（°）		Bin 宽度/（°）		Bin 宽度/m	
			偶	奇	偶	奇	偶	奇
空中	17	131072	6.000	6.102	4.6×10^{-5}	4.7×10^{-5}	5.10	5.18

2.3 ADS-B 空中位置报文生成的实现

采用 Xilinx Spartan 3E FPGA 开发板作为实现信号调制模块的硬件主体，以 VHDL 硬件编程语言编码，进行时序逻辑控制和算法实现，控制 GPS 板卡及产生调制输出。

2.3.1 硬件资源及开发环境介绍

传统的观点认为，FPGA 的优势在于其精确的时序逻辑控制，而在数据处理能力方面不如专门的单片机。然而，随着 FPGA 的快速发展，越来越多的 FPGA 产品包含了 DSP 或 CPU 等硬（软）处理核，大大提升了其数据处理的能力，从而 FPGA 将由传统的硬件设计手段逐步过渡为系统级设计工具。这就为系统设计和单板设计提供了新的解决方案，从而简化了单板设计的难点，节约了单板面积，提高了系统整体的可靠性。

经硬件资源需求分析，本章采用的主芯片为 Xilinx 公司的 Spartan 3E FPGA-XC3S500E

蓝宝石开发板作为信号调制模块的实现主体。Spartan3E FPGA 开发板结构如图 2.6 所示，其硬件资源概况（仅介绍和本章相关的硬件资源）如下。

（1）主芯片：采用 50 万门的 Xilinx Spartan3E FPGA-XC3S500E，208 脚贴片封装。

（2）集成 1 块 4M EEPROM XCF04S 配置芯片。

（3）集成 2 路 UART 接口，可支持嵌入式系统。

（4）集成一个 7 段 4 位数码管。

（5）集成一个 8 位拨码开关。

（6）集成 10 个 LED 指示灯。

（7）集成用户按键 12 个。

（8）外扩 2 条 GPIO 接口，共 20 个扩展 IO。

（9）其他硬件资源可看图 2.6。

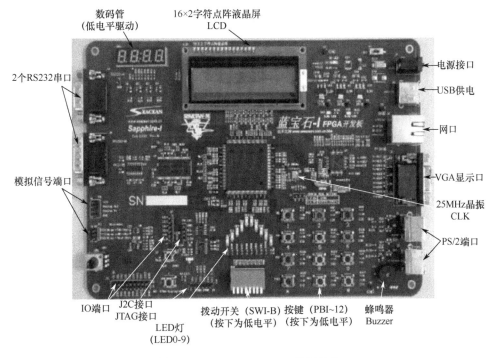

图 2.6　Spartan3E FPGA 开发板结构

Xilinx Spartan3E FPGA-XC3S500E 的资源及特性如表 2.3 所列。

表 2.3　Xilinx Spartan3E FPGA-XC3S500E 的资源及特性

| 系统门数 | 等效逻辑单元 | CLB 阵列 | | | | 分布式 RAM | 块 RAM | 专用乘法器 | 时钟管理器 | 最多用户 I/O | 最多差分 I/O |
		行	列	CLB 总数	切片总数						
500000	10476	46	34	1164	4656	73000	360000	20	4	232	92

图 2.7 所示为 ISE9.1i 开发环境，它是使用 Xilinx 的 FPGA 必备的设计工具，可以

完成 FPGA 开发的全部流程，包括设计输入、仿真、综合、布局布线、生成 BIT 文件、配置及在线调试等，功能非常强大。

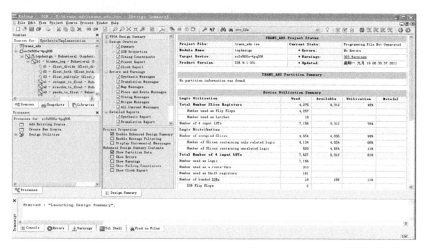

图 2.7　ISE9.1i 开发环境

　　ISE 除了功能完善、使用方便外，它的设计性能也非常好。它集成的时序收敛流程，提供最佳的时钟布局、更好的封装和时序收敛映射，从而获得更高的设计性能。其先进的综合和实现算法大大降低了动态功耗。

　　图 2.8 所示为 Modelsim 仿真软件界面。使用 Modelsim 作为仿真工具，完成对可行性的研究论证。Modelsim 是业界最优秀的 HDL 语言仿真软件，它能提供友好的仿真环境，是业界唯一的单内核支持 VHDL 和 Verilog 混合仿真的仿真器。它采用直接优化的编译技术、Tcl/Tk 技术和单一内核仿真技术，编译仿真速度快，编译的代码与平台无关，便于保护 IP 核，个性化的图形界面和用户接口，为用户加快调错提供强有力的手段，是 FPGA/ASIC 设计的首选仿真软件。

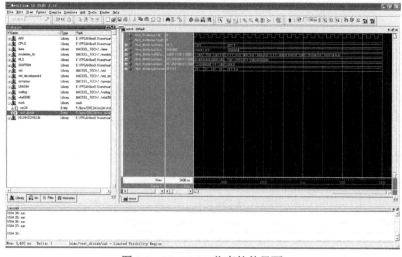

图 2.8　Modelsim 仿真软件界面

本章使用 VHDL 作为硬件编程语言。VHDL 语言是一种用于电路设计的高级语言，最初由美国国防部开发，用于提供设计的可靠性和缩短开发周期。VHDL 翻译成中文就是超高速集成电路硬件描述语言，主要应用在数字电路的设计中。

VHDL 主要用于描述数字系统的结构、行为、功能和接口。除了含有许多硬件特征的语句外，VHDL 的语言形式、描述风格及语法是十分类似于一般的计算机高级语言。VHDL 的程序结构特点是将一项工程设计，或称实体设计分成外部和内部，既涉及实体的内部功能和算法完成部分，又有对实体外部接口的描述。在对一个设计实体定义了外部界面后，一旦其内部开发完成后，其他的设计就可以直接调用这个实体。这种将设计实体分成内、外部分的概念是 VHDL 系统设计的基本点。

和其他硬件描述语言相比，VHDL 主要具有以下特点：功能强大、设计灵活；支持广泛、易于修改；强大的系统硬件描述能力；独立于器件的设计、与工艺无关；很强的移植能力；易于共享和复用。

2.3.2 关键问题分析

使用单片 FPGA 作为控制处理芯片实现 ADS-B 调制信号生成在国内尚未发现有相关的文献进行论述和研究。要实现 ADS-B 空中位置报文的输出，有以下几个关键技术环节需要重点突破。

（1）位置信息源的获取问题。本章采用的是从高精度的差分 GPS 接收机获取搭载平台的位置信息，但 GPS 的输出数据中有多种 GPS 数据格式，不同的数据格式包含不一样的数据信息。我们所需要的经纬度、高度数据包含在 GPGGA 格式的数据中。GPGGA 格式的数据包含多达 17 个字段，部分数据的位置固定，但诸如水平精度、天线离海平面高度、大地水准面高度等数据因其值的大小变化处于一种位置浮动的状态，所以不能按照固定的位置去提取所需要的位置信息。必须要动态地对接收到的数据进行读取、判断和正确提取。这是首先要解决的信息源获取问题。

（2）位置信息源的利用问题。从 GPS 接收机中获取的位置信息是以 ASCII 码表示的十进制实数，而在硬件中对数的运算只有以高、低电平所代表的 1、0 二进制数。要对获取的位置信息进行一系列编码，必须使数据可利用。在编码的过程中，需要有大量的加减乘除、求余和取整运算，四则运算可以利用 EDA 工具中所带有的 IP 核进行实现，IP 核及自编函数的操作对象都要求是单精度浮点数据。所以，需要将 ASCII 码表示的实数数据高效地转换成可运算的单精度浮点数据。这是其次要解决的信息源可利用问题。

（3）CPR 编码的实现问题。CPR 编码算法的基本原理在 2.2.1 节已进行了详细的介绍，但可以看出，对 CPR 编码的 VHDL 实现还不能完全按照编码公式进行编程，如求取 NL 值所用到的 arccos 函数，这在数字电路中是很难实现的，所以，必须寻求另外的解决办法来求取 NL 值。同时，VHDL 编程语言以及 ISE 函数库中没有对单精度浮点数的求余、取整函数，这都需要运用 VHDL 基本语言编成函数文件，并对其进行调用。

在 CPR 编码的过程中，有大量的四则运算，都需要利用浮点运算的 IP 核来实现，不可能对每一次四则运算都配一个 IP 核，这样将消耗大量的硬件资源，造成资源浪费，且现有资源不足以支撑整个编码的实现，所以对浮点运算的 IP 核做分时复用，以节约有限的硬件资源。这就要求对每次运算使用浮点 IP 核有"交接—使用—完成—交接"的控制，使得一系列的运算能够在精确的时序控制之下正确完成。这是再次要解决的 CPR 正确高效编码的问题。

（4）数据的校验编码问题。ADS-B（1090ES）112 比特位消息格式中，前 88 比特位是数据位，后 24 比特位是 CRC 校验位。在通信中，不仅要告诉对方我们所要传递的消息，还要能让对方可以判断消息传递的正确性。这就是校验字段的意义所在，同时校验字段还可为信息字段提供一定的纠错能力。在 1090ES 消息格式中，采用的是 CRC24 校验法。如何高效地对信息字段进行校验编码，这是要解决的校验实现问题。

当然，在这些关键环节外，诸如曼彻斯特编码、串口的发射与接收、时钟小数分频以及按键消抖等常规问题需要实现，在本章中将不加以详述。

2.3.3 位置信息的正确接收、判断和提取

本章的位置信息源来自 GPS 接收机发出的数据。GPS 数据有多种格式，如 GPRMC、GPGSV、GPGGA、GPGSA、GPVTG 等。本章所需的经纬度、高度信息包含在 GPGGA 格式的数据中。GPGGA 数据是 GPS 定位的主要数据，也是使用最广泛的数据。GPGGA 语句包含 17 个字段，即语句标识头、世界时间、纬度、纬度半球、经度、经度半球、定位质量指示、使用卫星数量、水平精确度、海拔高度、高度单位、大地水准面高度、高度单位、差分 GPS 数据期限、差分参考基站标号、校验和结束标记（用回车符<CR>和换行符<LF>），分别用 14 个逗号进行分隔。GPGGA 数据格式如表 2.4 所列，将从 GPS 板卡实际接收的 GPGGA 数据举例如下（都是以<CR><LF>结尾，故不再特意标明）。

```
$GPGGA,<1>,<2>,<3>,<4>,<5>,<6>,<7>,<8>,<9>,M,<10>,M,<11>,<12>*xx
$GPGGA,093928.00,3731.8630,N,12125.1962,E,1,04,9.9,32.08,M,9.09,M,*6A
```

表 2.4 GPGGA 数据格式

属性	实例	说明
报头	$GPGGA	位置测定系统定位数据
定位 UTC 时间	093928.00	hhmmss.ss
纬度	3731.8630	37°31.8630′（第一位是零也将传送）
纬度半球	N	北纬（S 为南纬）
经度	12125.1962	121°25.1962′（第一位是零也将传送）
经度半球	E	东经（W 为西经）
定位质量指示	1	0=没有定位，1=实时 GPS，2=差分 GPS
使用卫星数量	04	00~12（第一个零也将传送）
水平精度因子	9.9	0.5~99.9
天线离海平面高度	32.08	−9999.99~9999.99m
大地水准面高度	9.09	−9999.99~9999.99m
差分 GPS 数据期限	无	最后设立 RTCM 传送的秒数量
差分参考基站标号	无	0000~1023
*	*	总和校验域
xx	01	总和校验数

GPS 接收机到底输出哪种数据，可根据需要进行控制。本章需要的是 GPGGA 数据，故利用 FPGA 通过串口先向 GPS 板卡发送控制命令"log gpgga ontime 1 \r\n"，波特率为板卡默认的 9600。GPS 板卡接收到命令后，输出对应格式的数据，默认波特率同样为 9600（可通过命令语句控制串口波特率的大小，高速运动的搭载平台需要很高的实时性，缩短传输时间很重要）。

接着将获取 GPGGA 数据中的位置信息。首先要判断一帧数据的起始标识"$"（其十六进制为 24），计数为 1；然后每接收一个字节计数增加 1，纬度和经度的位置是固定不变的，纬度为第 17~25 比特位，经度为第 29~38 比特位，可根据计数值大小直接提取经、纬度；最后获取高度信息，而水平精度因子和天线高程值都是变动量，不能根据位置去获取数据。从而选择通过识别高度数据前后的两个逗号来提取高度信息。若水平精度因子小于 10，高度数据的首位将出现在第 51 比特位；若水平精度因子不小于 10，高度数据的首位将出现在第 52 比特位。高度信息可能出现位置分布情况如表 2.5 所列。

表 2.5 高度信息可能出现位置分布情况

不同情况	比 特 位									
	50	51	52	53	54	55	56	57	58	59
1	,	h	.	h	h	,				
2	,	h	h	.	h	h	,			
3	,	h	h	h	.	h	h	,		
4	,	h	h	h	h	.	h	h	,	
5		,	h	.	h	h	,			
6		,	h	h	.	h	h	,		
7		,	h	h	h	.	h	h	,	
8		,	h	h	h	h	.	h	h	,

注：1. h 为高度数据标识。

2. "," 为高度数据起始/结束标识。

3. "." 为小数点。

根据高度数据的可能分布，首先判断第 50 比特位还是第 51 比特位出现逗号，然后使用带有优先级的 if-elsif-elsif-else 语句来判定后一个逗号的位置，最后将两个逗号之间的高度数据提取出来，则完成对位置信息的正确提取。

2.3.4 实数转换为单精度浮点数

浮点运算作为数字信号处理中最常见的运算之一，各大 EDA 软件都带有免费的浮点运算 IP 核，通过对 IP 核的生成和例化来实现浮点运算将 FPGA 设计者从繁重的代码编写中解脱出来，同时可以对 IP 核进行功能剪裁以避免对 FPGA 逻辑资源的浪费，实现最优设计。而在浮点运算中，单精度浮点以其极强的通用性得到了最广泛的应用。

从 GPS 接收机中直接获取的位置信息是以 ASCII 表示的实数，不能直接用于浮点 IP 核的运算，需要对其进行转换。

1．单精度浮点数据格式

浮点数的表示遵循 IEEE-754 标准，它由三部分组成，即符号位（sign）、阶码（exponent）和尾数（fraction）。图 2.9 所示为 IEEE-754 单精度浮点数格式，IEEE-754 标准规定的单精度浮点数格式占用 32 位，包含 1 位符号位 s、8 位带偏移量的指数 e[30:23]和 23 位尾数 f[22:0]。单精度的指数使用正偏值形式表示，指数值的大小为 1～254（0 和 255 是特殊值）。采用此种形式表示是为了有利于比较大小，浮点小数在计算时，指数值减去偏移值即是实际的指数大小，其中偏移值为 127，尾数有 1 位隐藏位。

s	e[30:23]	f[22:0]

图 2.9　IEEE-754 单精度浮点数格式

单精度浮点数包含以下几种情况。

（1）规格化数：$0 < e < 255$，值 $V = (-1)^s \times 2^{e-\text{bias}} \times 1.f$。

（2）(+0,−0)：如果 $e = 0$ 且 $f = 0$，则 $V = (-1)^s \times 0$。

（3）非规格化数：$e = 0$ 但 $f \neq 0$，则 V 为非规格化数。

（4）(+∞,−∞)：$e = 255$，且 $f = 0$，则 $V = (-1)^s \infty$。

（5）NaN（不是一个数）：$e = 255$，且 $f \neq 0$，则 $V = \text{NaN}$。

2．实数转换为单精度浮点数的原理

例如，有一个实数为 6.91，首先将其转换为二进制形式表示，即 110.11101000111101 01110000101000。

再将其规范化，调整使其成为一个大于 1 小于 2 的数和 2 的 N 次幂相乘的形式，即 $6.91 = 1.101110100011110101110000101000 \times 2^2$，则可以得到基本原型如下。

s：0。

e：2+127（十进制）=129（十进制）=10000001（二进制）。

f：101110100011110101110000101000（注：小数部分取 28 位，且小数点前面的 1 不要了）。

小数部分取 28 位的目的在于更为准确地表示实数，后 5 位用于舍入处理。

在 IEEE754 标准中，舍入处理提供了 4 种可选方法：就近舍入、朝 0 舍入、朝+∞ 舍入和朝-∞舍入，本章采用就近舍入原则。就近舍入的实质就是通常所说的"四舍五入"。例如，尾数超过规定的 23 位的多余数字是 10010，多余位的值超过规定的最低有效值的 1/2。故最低有效位应增 1，若多余的 5 位是 01111 则简单地截尾即可，对多余的 5 位 10000 这种特殊情况：若最低有效位为 0，则截尾；若最低有效位为 1，则向上进一位使其变为 0。

所以，此例中要将最后 5 位作舍弃处理。得到的结果为

0　　10000001　　10111010001111101011100001

组合后为 0100 0000 1101 1101 0001 1110 1011 1000=40DD1EB8。至此，在原理上完成一个实数到单精度浮点数的转换。

3. 在FPGA中实现实数到单精度浮点数转换的流程

本章中所用到的实数都在 −9999.9999 ～ 9999.9999 的范围内，从尽可能节约芯片资源和降低功耗考虑，仅实现在这个范围内进行转换，并不考虑将更大范围和更高精度的实数转换为浮点数。由于获取的实数皆为 ASCII 码表示，ASCII 码所表示的实数转换为单精度浮点数的流程如图 2.10 所示。

转换过程采用流水线操作，用计数器控制转换进程。ASCII 码转换为单精度浮点数的步骤如下。

（1）将 8 位 ASCII 码所代表的数字字符转换为十进制数字（由于硬件电路对数字的表示只有 0 和 1 的组合，所以将实数的整数和小数分开表示）。

（2）利用程序包里的数据类型转换函数将十进制数转换为二进制数，但小数部分的转换需要单独实现。

（3）对二进制表示的实数进行规格化。

（4）根据符号位 ASCII 码值确定符号位 s，根据规格化移动的位数确定解码 e，将规格化中的小数部分 f 保留 28 位。

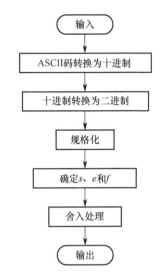

图 2.10　ASCII 码所表示的实数转换为单精度浮点数的流程

（5）对保留的 28 位的小数部分的后 5 位根据就近舍入原则进行判断和舍入。

4. 结果分析

Modelsim 功能仿真结果如图 2.11 所示，输入的实数为 125.763，输出结果经 MATLAB 逆向求值同输入值进行比较，比较结果表明正确地进行了转换。但一个数的正确转换不能说明问题，下面将验证此转换方法的可行性。

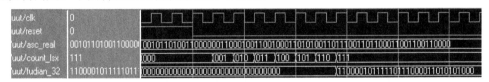

图 2.11　Modelsim 功能仿真结果

选取具有代表性的实数对转换方法的性能进行验证。主要验证两个方面。

（1）是否在预定域内实现全覆盖。

（2）是否能对此域中的最小值进行有效表示。

验证结果如表 2.6 所列。

表 2.6　验证结果

十进制小数	单精度浮点表示	MATLAB 解算值	相对误差值
−9999.9999	11000110000011100010000000000000	−10000	1.0000×10^{-8}
−523.178	11000100000000101100101101100100	−523.177978515625	4.1065×10^{-8}
0.0001	00111000110100011011011000000000	0.000099997967482	2.0325×10^{-5}
1.0001	00111111100000000000001101000111	1.000100016593933	1.6592×10^{-8}
4951.3467	01000101100110101011101011000110	4951.3466796875	4.1024×10^{-9}

根据转换原理，最小值所转换的误差最大，但最大值的转换误差不一定最小（因为存在舍入）。这个最大的转换误差在 10^{-5} 量级，当待转换实数的绝对值大于整数 1 时，转换误差将小于 10^{-8} 量级。这样的转换误差可以满足大多数浮点运算环境下的精度需要。试验验证了此转换方法的有效性和“全覆盖性”。

在完成仿真测试后，将程序进行综合、布局布线，最后生成位流文件下载到 FPGA 芯片中进行验证。在实际的芯片中将转换结果和已仿真得到的结果进行比较，并输出指示信号。从实际的电路输出结果看，和仿真结果完全一致，证明了此方法在实际芯片中的可行性。因为采用的是流水线操作，所以仿真所用的周期数和实际周期数是一致的。本试验在 50MHz 的时钟下用时 6 个周期（0.12μs）完成转换操作。而在最常用的串口传输波特率 9600 下，传送一个码元的时间为 0.1ms 量级。可以得出：完成从 ASCII 码所表示的实数（−9999.9999～9999.9999）到单精度浮点的转换所用的时间将在 0.1μs 量级以下，具有较高的实时性。

2.3.5　CPR 编码的 VHDL 实现

CPR 编码的 VHDL 实现是本章的重点，它完成的是从源信息到目标调制信息主体转换的编码，直接决定调制信号生成的正确性，是调制模块能否成功实现的关键。

1. CPR 编码的 VHDL 实现步骤

（1）决定纬度区域大小 $\mathrm{Dlat}(i)$。由 2.2.1 节知，纬度区域的大小值仅随奇偶编码的不同而不同，所以在硬件描述中，将两个值设定为常量，并以单精度浮点数表示。所以，第一步是确定此次编码是奇编码还是偶编码，以确定使用哪个区域大小值。

（2）将纬度转化为二进制的 YZ_i。YZ_i 在整数形式下限定在 0～131071（17Bin），其转换公式见式（2.4）。首先由求余函数对纬度取余；而后交由除法 IP 核做运算；接下来有一个乘以 2^{Nb} 的运算，看似可以用简单的移位就可完成乘以 2^{Nb} 运算，实际应先将 2^{Nb} 化为单精度浮点数再交由乘法 IP 核做运算；接着对上一步的运算结果加 1/2 再进行下取整运算以实现四舍五入的功能，为节约资源，加减法共用一个 IP 核，所以需要对其进行运算符号的控制，对浮点的下取整调用自编的函数模块实现；最后将上一步计算的单精度浮点结果转换为 Dword 格式数据，并取出低 17 位，即是纬度的 CPR 编码。

（3）获得纬度编码 YZ_i 进行还原（$\mathrm{Rlat}(i)$）。根据还原的纬度值大小确定其所处纬度上经度区域的个数（NL）。$\mathrm{Rlat}(i)$ 的计算公式见式（2.5）。具体实现方法类似步骤（2）。

（4）获取 NL 值。将步骤（3）中的 $\mathrm{Rlat}(i)$ 值代替到式（2.3）中的 lat 值即可得到 NL 的值。但直接通过表达式来求取 NL 值不仅难度大，还会消耗很多的逻辑资源，以及花费更多的运算时间。所以，采用 MATLAB 去寻找 NL 值变化的临界点，在 FPGA 芯片中以查找表的形式实现，通过对比 $\mathrm{Rlat}(i)$ 值落在哪个纬度区间来获得 NL 的值。各纬度区间的 NL 值如表 2.7 所列，若纬度值小于 10.47047130°，则 NL 为 59；若纬度值在 10.47047130°～14.82817473° 之间，则 NL 为 58。由于 GPS 的经纬度输出有一定的精度，如 1028.2282，精确到分的小数点第四位，所以表中的临界点取 1028.22825，转换成度表示就是 10.47047130°，所以 GPS 输出值要么大于它，要么小于它，不会出现不能确定的情况。

表 2.7　各纬度区间的 NL 值

纬度临界值	NL	纬度临界值	NL	纬度临界值	NL	纬度临界值	NL
—	—	41.38651832	45	59.95459277	30	75.42056257	15
<10.47047130	59	42.80914012	44	61.04917774	29	76.39684390	14
14.82817473	58	44.19454951	43	62.13216659	28	77.36789461	13
18.18626357	57	45.54626723	42	63.20427479	27	78.33374083	12
21.02939493	56	46.86733252	41	64.26616523	26	79.29428225	11
23.54504487	55	48.16039128	40	65.31845310	25	80.24923213	10
25.82924707	54	49.42776439	39	66.36171008	24	81.19801349	9
27.93898710	53	50.67150166	38	67.39646774	23	82.13956981	8
29.91135686	52	51.89342469	37	68.42322022	22	83.07199445	7
31.77209708	51	53.09516153	36	69.44242631	21	83.99173563	6
33.53993436	50	54.27817472	35	70.45451075	20	84.89166191	5
35.22899598	49	55.44378444	34	71.45986473	19	85.75541621	4
36.85025108	48	56.59318756	33	72.45884545	18	86.53536998	3
38.41241892	47	57.72747354	32	73.45177442	17	87	2
39.92256684	46	58.84763776	31	74.43893416	16	>87	1

（5）计算当前纬度上经度区域的大小。根据式（2.2），利用除法 IP 核即可确定当前经度区域的大小。

（6）将经度转化为二进制的 XZ_i。XZ_i 在整数形式下同样限定在 0～131071（17Bin），其计算公式见式（2.6）。在 FPGA 中实现步骤同步骤（2）。

至此完成经纬度 17 位 CPR 编码。在用 VHDL 编程于 FPGA 中实现时，最值得注意的是其精确的时序控制，下一个计算步骤必须在上一个步骤输出结果时才能启动，做到有序、高效地交接；在整个工程中，为节约硬件资源和降低功耗，仅使用加减法、乘法和除法 3 个浮点 IP 核。但几乎每个步骤中都有对 IP 核的调用，要实现资源的共享，就必须在时间上进行正确的调度（计算完毕时取走结果，输入值准备好时启动计算）。在这中间既涉及用前一个 IP 核的输出指示控制后一个 IP 核的输入启动指示，也涉及其他中间信号的控制，所以任何一个步骤的控制失误都会导致错误的输出结果，必须作周全而又细致的考虑和设计。

2. 下取整、求余模块的实现

对于一个单精度浮点数进行下取整运算，关键是要判断小数点的位置，然后将小数点后的值清零即可。对小数点位置的判断是通过判断带偏移量的指数 e 的大小来实现的。首先将要进行下取整的浮点数的指数部分取出减去偏移量；再判断真实指数值的大小；最后根据指数值的大小去对 23 位尾数 f 进行操作，保留相应的高位，将表示小数的低位清零。下取整模块的功能仿真结果如图 2.12 所示。输入单精度浮点 a 为 8.75，进行下取整后，输出的单精度浮点为 8，结果正确。

图 2.12　下取整模块的功能仿真结果

对于求余运算，可以用下取整函数和浮点 IP 核组合实现，如 A 对 B 求余可表示为

$$\text{MOD}(A,B) = A - B\,\text{floor}\left(\frac{A}{B}\right) \tag{2.8}$$

3. 高度编码

对高度的编码同样会用到浮点 IP 核进行运算，所以将高度数据的编码与 CPR 编码一起实现。高度编码步骤如下。

（1）由于从 GPS 接收机中获取的高度数据是以 m 为单位，而编码是以英尺为基本单位，所以首先要完成单位之间的转换。

（2）由于高度编码比特数量的限制，对高度的编码是以一定增长单位为间隔的量化编码（本章采用以 25 英尺作为增长单位），接下来就是要对高度数据进行量化，即除以增长单位，单位转换和量化这两个步骤都用到 IP 核，但可以将两个步骤的公式在数学上化简后，在实现时仅做一次浮点运算。

（3）高度编码是带有正偏值的编码，偏移量为 1000 英尺，量化后为 40，考虑到四舍五入，将量化后的高度数据加上 40.5 进行下取整。

（4）上一步得到的是单精度浮点表示的量化整数，通过自编浮点转二进制函数模块将其转换成为二进制表示。至此完成高度数据的编码。

4. CPR 编码结果验证

在调通了串口发射接收程序以及正确实现了浮点 IP 核的时分复用和下取整函数之后，将对整个 CPR 编码进行 VHDL 的编程实现。在代码编写好后，首先用 Modelsim 仿真软件对其进行功能仿真，确定其可行性。

CPR 编码仿真结果如图 2.13 所示。待编码的经度、纬度、高度分别为 12125.1963、3731.8630 和 32.16m，经 CPR 偶编码和高度编码后的结果为图中被框部分，fyz、fxz 和 gaodu_11 分别代表纬度、经度和高度的编码。

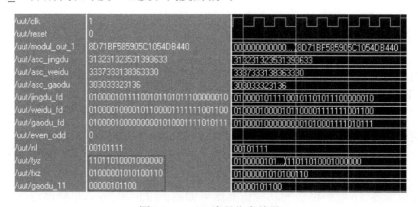

图 2.13　CPR 编码仿真结果

将高度编码反推得其代表的高度为（100±12.5）英尺（26.67～34.29m），输入的高度值在这个区间内，说明高度编码的正确性。另外，对编码正确性的初步验证采用将软件语言实现和硬件语言实现结果进行对比的方法。利用 VC 编写出 ADS 报文生成工具，将经度、纬度、高度和 S 模式号输入，生成奇偶编码的 1090ES 格式的 ADS-B 空中位置

信息报文。软件生成的 ADS-B 报文结果如图 2.14 所示。将软件编码结果同 VHDL 硬件描述语言仿真结果进行对比（图中标注的第一个方框内为纬度编码，第二个方框内为经度编码），结果表明两者编码结果一致，初步表明了 VHDL 实现 CPR 编码的正确性。

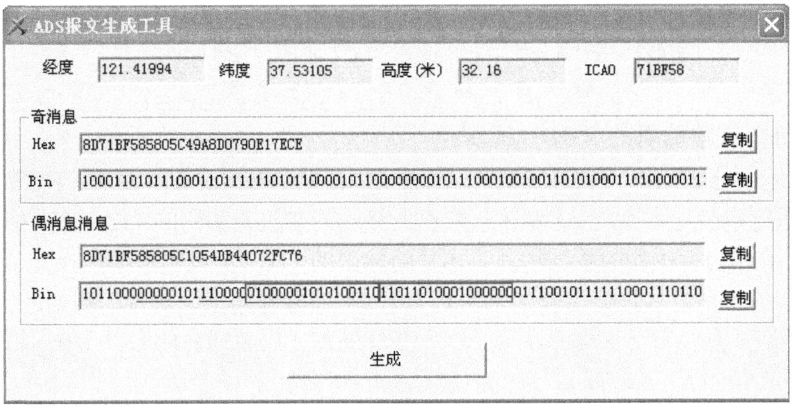

图 2.14　软件生成的 ADS-B 报文结果

功能仿真的正确性并不能真正代表程序在 FPGA 芯片中运行的正确性，这和布局布线有关，有时因为信号经过的路径不一样会引起时序的冒险，从而导致结果的错误。由于 ISE9.1i 有强大的布局布线优化功能，本章直接将仿真正确的程序在 FPGA 芯片上在线调试。将仿真得到的结果作为标准常量，将编码结果与其进行比较，若结果一致则亮灯显示其正确性。通过这样简单、有效的验证方式，来确保能在实际的硬件电路中正确运行。在线调试显示，实际烧到片上的运行结果和仿真结果相同。CPR 编码的 VHDL 实现达到了预期的结果。其编码的正确性将在 2.4 节中验证。

2.3.6　CRC24 编码的高速实现

循环冗余校验码（Cyclic Redundancy Check，CRC）是一种被广泛采用的多项式编码，由分组线性码的分支而来。编码较为简单且误判概率低，在通信系统中得到了广泛的应用。

1. CRC 校验的编码原理

在发送端，根据要传送的 k 位二进制码信息序列，以一定的规则产生一个校验用的 r 位监督码（CRC 码），并附在信息序列后面，构成一个新的 $k+r$ 位二进制码序列发送出去；在接收端，根据信息码和 CRC 码之间所遵循的规则进行校验，以确定传输中是否出错。

校验码 R 是通过对数据序列 D 进行二进制除法取余运算得到的，它被一个称为生成多项式的 $r+1$ 位二进制序列 $G = [g_r g_{r-1} \cdots g_1 g_0]$ 来除，用多项式表示为

$$\frac{x^r D(x)}{G(x)} = Q(x) + \frac{R(x)}{G(x)} \tag{2.9}$$

式中：$x^r D(x)$ 为将数据序列 D 左移 r 位，即在 D 的末尾再增加 r 个位；$Q(x)$ 为除运算所得的商；$R(x)$ 为所需的余式。这一运算关系还可以表示为

$$R(x) = \text{Res}\left[\frac{x^r D(x)}{G(x)}\right] \tag{2.10}$$

式中：Res[ ]为对括号里的式子作取余运算。ADS-B 空中位置报文采用 CRC24 对前 88 比特位数据信息进行校验所用的生成多项式为

$$G(x) = x^{24} + x^{23} + x^{22} + x^{21} + x^{20} + x^{19} + x^{18} + x^{17} \tag{2.11}$$
$$+ x^{16} + x^{15} + x^{14} + x^{13} + x^{12} + x^{10} + x^3 + x^1 + 1$$

2. CRC 校验编码的 VHDL 实现

对 CRC24 校验进行 VHDL 编码，在语法检查无误的情况下，对于 CRC24 校验编码的正确性进行检验。本章将 ADS-B 接收机所接收的能正确解码的 112 比特位报文信息的前 88 比特位作为待校验的数据输入，而后将输出的 CRC24 校验数据同报文信息的后 24 比特位正确的校验信息进行比较，来判断 CRC24 校验编码正确与否。例如，已知正确的一条 112 比特位报文（十六进制）为 8D71BF5858AFC1A 7352660AA7C20，前 88 比特位 8D71BF5858AFC1A7352660 作为待校验数据，将得到的校验编码结果同后 24 比特位 AA7C20 进行比较，如果一致，则表明本程序的正确性。CRC24 校验编码的功能仿真结果如图 2.15 所示，通过仿真得到了预期的结果，在实际芯片上的运行效果检验方法同 2.3.5 节对 CPR 编码的检验方法一样，FPGA 芯片在线对比，以指示灯亮来指示结果正确与否。

图 2.15　CRC24 校验编码的功能仿真结果

在正确输出之后，信号调制模块的各个环节都基本走通，然后将各个部分融合成一个调制信号生成的整体工程。实现对 GPS 接收机输入数据的提取和编码，输出可用于对信号源调制的 TTL 电平信号。从获取搭载平台的经、纬度及高度信息到完成 ADS-B 位置信息编码用时 10μs 左右，相当于民航飞机飞过 0.002m 所用的时间，具有很高的实时性。

2.4　调制信号生成测试与信号发射验证

首先应根据研究对象的特点确定正确有效的测试和验证方法，再根据测试结果进行修改，待测试成功后根据验证方法搭建平台进行正确性验证，通过验证结果说明本项工程的正确性和可行性。

2.4.1　测试及验证方法

测试目的：在完成信号调制模块的所有程序编写后，测试 FPGA 板能否实现对位置信息正确编码，生成 1090ES 格式 ADS-B 空中位置信息报文以及以 0.5μs 一个码元的速率实现调制输出。

验证目的：在完成调制信号生成的测试后，验证 ADS-B 信号发射系统功能，确定

整个信号生成的正确性和可行性。将经过调制的信号发射出去，看能否被接收机有效地接收解码。若能正确地接收解码，才能说明整个信号生成的正确性和可行性。

下面对测试和验证的方法作简要介绍。

1. 测试方法

对编码和信号生成的正确性进行测试，应使用一种简单、直接且有很高可信度的测试方法。经考虑，采用输入为确知的位置信息，输出用高性能示波器直接观察的方法。在这一测试过程中，GPS 接收机将不参与其中，直接将确知的位置信号以常量的形式存放在 FPGA 中作为信息源，将输出端接示波器，对信号波形照相或截屏分析，还原成 1090ES 格式的 ADS-B 报文，同 ADS 报文生成工具软件生成的 112 比特位报文数据进行对比，以判定编码和信号生成的正确性。

2. 验证方法

验证系统原理如图 2.16 所示，用生成的调制信号去调制 1090MHz 的信号源，将调制后的信号经全向天线发射出去，使用现有接收机接收，若能解码还原出所发送的位置信息，则可判定整个信号生成的正确性和方案的可行性。

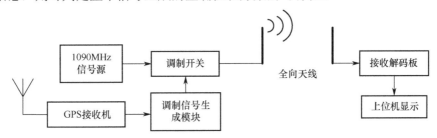

图 2.16　验证系统原理

信号发射系统实物如图 2.17 所示，本验证试验采用的是本地静止的 GPS 接收机和天线，首先将 GPS 数据发送到计算机串口，用串口调试工具获取 GPS 天线所在的位置信息（纬度、经度和高度分别为 121.251963°、37.318630°和32.16m）；然后根据验证系统框图搭建试验平台。

信号源采用实验室的射频信号发生器，其输出频率可高达数吉赫兹，本试验使用 1090MHz。由于仅检验发射系统功能的正确性，故将试验环境设在室内，同时也是为了不对外界造成干扰。考虑到信号的近距离传输，所以将输出功率预设在一个较小值（−30dBm），在试验过程中再进行

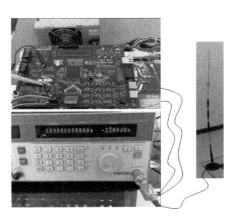

图 2.17　信号发射系统实物

调整。本试验采用的调制开关为低电平调制，使用±5V 供电（计算机电源即可满足）。发射天线为全向，同时可用于接收。GPS 接收天线和解码板卡已在上文中进行了详细介绍，在此不加赘述。接收系统不是本章重点，不详细介绍。完成试验平台的搭建后，即可加电进行发射接收验证试验。

2.4.2 测试验证结果及分析

通过对示波器显示的波形及信号发射、接收试验结果记录进行分析，结果如下。

1. 测试结果

输入的确知位置数据为：经度（121.41994°）、纬度（37.53105°）、高度（32.16m），将输出端示波器显示的波形（报头为1010000101000000，数据位为曼彻斯特编码，由于调制开关是低电平调制，故对输出进行了反相处理）还原成 ADS-B 报文同由 ADS 报文生成软件的报文进行对比，偶编码的结果皆为 8D71BF585805C1054DB44072FC76。可以得出结论，在 FPGA 开发板上可以完成对位置数据的 1090ES 格式的 ADS-B 编码，输出正确的 TTL 调制信号。图 2.18 所示为调制信号生成模块输出端波形。

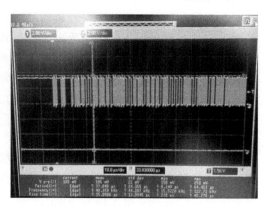

图 2.18 调制信号生成模块输出端波形

2. 发射、接收试验结果及分析

将发射系统中射频信号发生器的输出功率调至−22dBm 时，接收系统可以接收解码出位置信息。接收显示结果如图 2.19 所示，S 模式号选用的是曾接收到的一架飞机的 S 模式号 71BF58，接收软件的显示输出和预设值一致；纬度输入为 37.318630°，接收显示为 37.319°，因为显示位数的限制，显示时进行了四舍五入，可以认为两者数据一致；经度输入为 121.251963°，接收显示为 121.252°，两者一致；高度输入为 32.16 m，输出表示为（100±12.5）英尺，换算后为 26.67～34.29m，两者的数据一致。

图 2.19 接收显示结果

表 2.8 所列为输入输出数据对比，从输入的位置信息和接收显示的数据对比结果来看，可以得出结论：采用 FPGA 实现对 GPS 位置信息进行编码生成 1090ES 格式的 ADS-B 调制信号是成功的。

表 2.8　输入输出数据对比

数据类型	S 模式	纬度/(°)	经度/(°)	高度
信号源数据	71BF58	37.318630	12125.1963	32.16m
接收显示数据	71BF58	37.319	12125.2	100 ft

2.5　小　结

本章研究了基于 S 模式的 ADS-B 信号生成技术。通过 GPS 接收天线和解码板卡获得天线所处的位置数据，利用 FPGA 实现对位置数据进行编码形成 1090ES 格式的 ADS-B 位置报文，然后调试信号源将 ADS-B 位置报文发射出去。2.1 节中详细介绍了对经纬度进行编码的 CPR 算法，并进行了编码精度分析，认为其完全可以满足民航飞机报告自身位置的精度要求；2.2 节对如何实现 ADS-B 信号生成进行了方案设计；对方案实现的硬件环境和关键问题及其实现在 2.3 节中作了详尽的表述，贯穿了从数据获取到信号生成输出的各个重要环节；2.4 节对整个数据获取、编码、形成报文、调制输出的过程进行了测试和验证，接收显示结果表明，对 GPS 位置数据的 ADS-B 信号生成是正确有效的，实现了其在技术上的可行性。若将 ADS-B 信号发射模块进一步安装在机场车辆上，可解决机场车辆的监视、管理和调度等问题，提供一种解决跑道入侵问题的方案；若安装在飞行器上，可实现对其进行实时监视（如航模、热气球等），因此具有很高的实用价值。

参 考 文 献

[1] 罗懿. 机载数据链发射模块的设计实现[D]. 成都：电子科技大学，2009.

[2] 赵伟科，史忠科. 基于 FPGA 的 S 模式应答通信设计[J]. 无线通信技术，2008，3：39-43.

[3] Marshall S C. ADS-B 1090 MOPS Revision B: An Expanded Description of the CPR Algorithm [R]，2009:2-12.

[4] 彭良福，郑超，刘志刚，等. 1090ES 广播式自动相关监视系统的 CPR 算法[J]. 中国民航大学学报，2010，28(1)：33-37.

[5] 唐小明，张涛，王贞杰，等. 一种新的基于 FPGA 的数据格式转换方法[J]. 现代电子技术，2011，34(16)：110-112.

[6] WAHAN W. IEEE Standard 754 for binary floating-point arithmetic. Lecture Notes on the status of IEEE 754[S]，1997-10-1.

[7] 李宏钧，胡小龙. 流水线的 FPGA 低功耗设计[J]. 计算机系统应用，2010，19(8)：234-235.

[8] 陈士毅. 模式 S 应答处理中的数据处理[D]. 电子科技大学，成都：2006.

[9] 冯翔宇. 循环冗余校验码 CRC 算法分析与实现[J]. 中国科技信息，2010，(21)：86-87.

[10] 任园园，刘建平. CRC-32 的算法研究与程序实现[J]. 中国新技术新产品，2008：(12)：8.

第3章　ADS-B 信号接收解码及纠错技术

由于空域中的电磁环境越来越复杂，信号受到干扰的可能性越来越大，对通信信号的接收解码的误码率处在一个较高的水平，丢点问题不仅仅困扰着 A/C/S 模式的二次雷达，在对 ADS-B 信息的接收解码中同样普遍存在，而且随着空域中飞机的增加变得愈发严重，成为困扰空中交通管制领域的一大核心问题。在对 ADS-B 下行数据格式及二次雷达 A/C/S 模式应答信号数据格式进行分析后发现，飞机的编号在整条信息中所占比例较少，受到干扰的可能性也较小。

S 模式的 ADS-B 信号受到 A/C 模式信号、塔康（TACAN）、雷达信号、测距仪信号以及各种宽窄脉冲的干扰，在数据块信息提取中出现错误的情况十分普遍。因此，还需要提取数据块信息进行解码并检错纠错。S 模式的 ADS-B 信号包含 24 比特位循环校验（Cyclical Redundancy Check，CRC）码来对报文进行检错，但基本不具有纠错能力。航空无线电技术委员会（Radio Technical Commission for Aeronautics，RTCA）在《RTCA DO-260B》协议中阐述了纠正小于 24 比特位突发错误的保守纠错技术及纠正汉明距离小于 6 的随机错误的强力纠错技术。文献[1-6]在纠错技术上并没有对《RTCA DO-260B》协议中阐述的技术开展实质上的突破，仅进行了应用拓展，或将两种纠错技术结合使用。《RTCA DO-260B》协议中的纠错技术是两个独立的技术，两者结合使用并不能对突发错误和随机错误并存的报文进行纠错。而这种突发误差叠加上随机错误的情形在现实中却是普遍存在的。针对现有纠错技术只能对少量随机错误或突发错误进行纠错的不足，提出了一种基于置信度的随机多位纠错方法。该方法在准确进行置信度判定的基础上，结合保守技术和强力技术进行联合纠错处理，突破了汉明距离的限制，通过在后端进行航迹滤波的方式，解决 CRC 校验错误报文的影响，并对算法实现进行优化设计，有效增加纠错位数，提高对信号的解码率。在真实环境中进行解码纠错试验，统计结果表明，该算法较现有强力纠错技术的纠错能力有较大提高，增强了对航空器监视的连续性。

3.1　ADS-B 信号接收解码的总体方案设计

1090ES 格式的 ADS-B 信号和 S 模式二次雷达信号不仅在载频和调制方式上一致，而且其报头和全球唯一的 S 模式号在一帧信号中所处的位置也都是一致的。这种技术升级时保持向下兼容性的特点给本节的解码工作提供了便利。

由于当前民航飞机下发的 ADS-B 信息中没有时间信息，所以解码纠错的同时还需要在接收并检测到信息的时候通过硬件打上时间戳。利用图 3.1 所示的微波前端做预处理，在视频信号端用 FPGA 进行解码，并通过 GPS 板卡提供的精准秒脉冲作为时间基准在 FPGA 中对到达信号打上时间戳。

图 3.1　微波前端

ADS-B 信号的接收解码首先是通过接收天线对 ADS-B 信号进行接收，经功率放大器放大，在微波前端进行解调输出视频信号，在解码板中进行初步解码，并打上时间戳，传给上位机进行解码显示。要完成上述流程，主要需要五大功能模块，包括接收天线、微波前端、解码模块、时间基准模块及带有解码软件的上位机。各功能模块所能实现的功能任务如下。

（1）接收天线。GPS 天线截获 GPS 卫星信号，输出精准的秒脉冲到解码板卡进行时间同步；ADS-B 信号接收天线接收空中载频为（1090±1）MHz 的 ADS-B 信号，送到功率放大器进行放大。

（2）微波前端。微波前端将经功率放大器放大后的电磁波信号进行解调，输出 TTL 电平的视频信号。

（3）解码模块。解码模块对 TTL 视频信号进行报头检测、数据块解码、存储及传输，同时利用 GPS 秒脉冲信号作时间同步信号在高精度铷原子钟下进行计时，给到达信号打上时间戳。

（4）时间基准模块。GPS 板卡对 GPS 天线接收的信号处理后输出精准的秒脉冲信号。经外围电路进行电平转换后其输出频率为 1Hz，秒脉冲为 TTL 低电平，宽度为 1ms，脉冲前沿跨度小于 10ns。

（5）装有解码软件的上位机。解码软件为民航自动相关监视系统软件，有台式计算机使用和平板计算机使用两个版本，将已有的 DSP 解码板的解码输出通过 USB 接口传给台式计算机专用解码显示软件，将 FPGA 解码输出通过串口以 115200 波特率传给平板计算机专用解码显示软件。将两者分开解码和显示，可以评估本章所提出的解码方法的性能。

图 3.2 所示为 ADS-B 信号接收解码系统的结构设计，除了功能模块外，还需要有一个重要的供电模块对系统进行供电，其中 GPS 板卡、FPGA 解码板和微波前端需要 5V 供电，功率放大器需要 12~15V 供电，铷原子时钟需要 24V 供电。

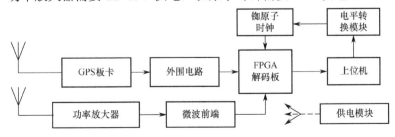

图 3.2　ADS-B 信号接收解码系统的结构设计

3.2　报头检测技术

采用基于 S 模式的 1090ES 数据链的 ADS-B 信号一个位置只发送一次。ADS-B 每个位置报文就包含一个位置信息，报文的丢失即意味着位置点的丢失，无法弥补。因此，ADS-B 信号报头检测是接收解码的基础，其性能直接决定着接收机的性能。《RTCA DO-260B》协议中利用脉冲位置及上升沿来判断报头的存在及计算信号到达时间，具有较好的检测效果，但未能有效利用报头的下降沿、脉冲宽度及非脉冲部分，导致在受到某些干扰时检测失败。另外，当 DF 字段受到干扰时会因为 DF 验证无法通过而导致检测失败。文献[1]利用匹配滤波的方式检测报头，该方法受脉冲能量的影响较大，容易出现虚警。本节首先分析 ADS-B 系统的工作原理，然后在分析基于脉冲匹配的报头检测方法不足的基础上，提出一种对信号基带进行归一化后作互相关报头检测的方法，并对该方法的检测性能进行仿真分析及实测验证。

3.2.1　脉冲匹配检测方法

本节主要探讨基于 S 模式（1090ES）数据链的 ADS-B 信号的接收解码技术。S 模式信号报文格式如图 3.3 所示。前 8μs 为四脉冲报头，其位置固定，后面紧跟着 56/112bit 的数据块。

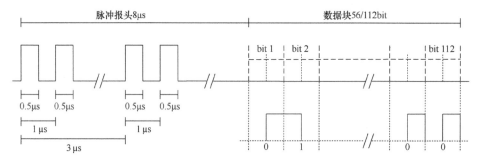

图 3.3　S 模式信号报文格式

对于接收的每个脉冲，用标准脉冲与其相关，即匹配滤波。脉冲相关后呈单峰形状，其峰值点可以作为脉冲的到达时间。文献[1]直接利用前 8μs 进行匹配滤波检测报头，其定义为

$$r_{xy}(m) = E[x_n y_{n-m}^*] = \sum_{n=0}^{N-1} x_n y_{n-m} \tag{3.1}$$

式中：x_n 为参考序列；N 为序列长度；y_n 为接收的信号序列。文献[7-8]对此方法进行了分析，认为该方法有明显缺陷，只要接收到的信号有足够高的能量，相关结果就会有峰值出现。由于目标有远有近，发射功率也有差异，所以即使只有一个脉冲，只要其信号电平足够，相关结果也能比电平较低的 S 模式信号报头相关结果更强，所以难以用固定阈值来判定相关峰以确定报头的出现。该方法对于能量较高的 A/C 应答也会有相关峰出现，基本不具有抗 A/C 应答干扰的能力。文献[7]提出了利用阵列天线及

信道化技术以降低各种信号相互之间的干扰，但其成本及难度大大提高。对于采用单天线进行全向接收的设备来说，需要寻求其他方法。

文献[3-4]皆采用基于脉冲位置及上升沿的检测方法，先对每个脉冲单独检测，再对 4 个脉冲进行协同判断，以判定报头的存在。该类方法不失为一种较好的报头检测方法，但验证的过程繁琐，尤其是当数据块前 5 位（表明该报文的格式）受到干扰导致 DF 验证失败而致使报文丢失。

针对上述检测方法的不足，同时吸取其优点，提出了基带归一化的互相关报头检测方法。

3.2.2　基带归一化的报头互相关检测技术

针对 3.2.1 节所述的脉冲匹配检测方法的不足，本节提出了基带归一化的互相关报头检测方法。由于直接匹配滤波检测方法的不足主要在于没有对信号脉冲电平进行归一化处理，导致相关峰很大程度取决于其信号电平的高低，以至于在高电平脉冲时出现虚警。如果将信号电平先进行归一化处理，再做互相关检测将有效地避免这一问题。

另外，互相关检测是从整体上对信号和标准报头的匹配程度进行评估，而不仅仅依靠报头的部分特征（如脉冲位置、上升沿），还包括下降沿、脉冲宽度、非脉冲区等特征。这使得基于基带归一化的互相关报头检测方法相对于基于脉冲位置及上升沿的检测方法更为全面和稳定。这就是本节所提出的检测方法的思路，报头互相关检测流程如图 3.4 所示。

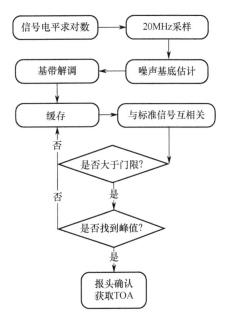

图 3.4　报头互相关检测流程

首先对信号电平求取对数值（二次雷达下行链路信号检测的标准做法，参见文献[4]，该处理方法有利于脉冲检测），得到 20MHz 的数据率；再对噪声基底进行估计，得到脉冲检测门限；对信号电平根据脉冲检测门限作归一化处理；缓存解调后的"0、1"数字序列，与标准序列作互相关；判定相关值是否达到门限，并寻找峰值；当相关值满足报头检测条件时，输出报头确认脉冲、同步信号并获取信号 TOA 值。

为了降低突发信号对噪声基底估计的影响，在估计噪声基底时采用循环迭代的方式。每一个循环都进行多批次的抽样 $(A_{s,1}, A_{s,2}, \cdots, A_{s,N})$，每个批次抽样包含 M 个采样点 $(a_{i,1}, a_{i,2}, \cdots, a_{i,M})$，$A_{s,i} = \dfrac{1}{M} \sum\limits_{j=1}^{M} a_{i,j}$，去除抽样值较大的几个批次的数据后对剩余的 $N_{selected}$ 个批次的抽样进行平均作为该循环的噪声基底估计值 $E_{noise} = \left(\sum\limits_{i=1}^{i=N_{selected}} A_{s,i} \right) / N_{selected}$，若其小于已估计出的噪声基底，即 $E_{nosie} < N_{f,old}$，则将噪声基底的值 E_{nosie} 更新至 $N_{f,new}$。

该估计方法保证了在多次循环后噪声基底的估计接近真实的噪声基底。

基带信号归一化具体是指将脉冲存在的地方量化为 1，无脉冲量化为 0。归一化最关键的是量化门限的设定，设定好门限后，当信号电平高于门限即量化为 1，低于门限即量化为 0。门限取决于噪声基底的大小，故应首先估计出噪声基底。噪声基底是在没有脉冲的地方取足够数量的数据作平均得到。通常将 4 个脉冲信号电平平均值减去 4dB 作为量化门限。

互相关检测同式 (3.1)，不同的是 x_n 的取值仅取 1 和 0 这两个值。当接收到一个 S 模式应答信号时，经过和标准序列作互相关处理后将出现一个相关峰，检测出相关峰可以判断信号的存在，检测相关峰的位置可以得到信号的到达时间。

实现过程：信号电平经归一化后进入长度为 162 的移位寄存器，报头的长度为 8μs，时钟为 20MHz，可采出 160 个点，但还需前一个时刻和后一个时刻以判断峰值的情况。

图 3.5 所示为互相关检测取值范围，在时钟的驱动下，移位寄存器每移入一个值都计算前一时刻（1~160）、当前时刻（2~161）以及下一时刻（3~162）的相关值，当其满足：

（1）当前相关值大于检测门限；

（2）前一个相关值不大于当前相关值，且当前相关值大于下一个相关值。

当满足这两个条件时，判定报头存在，并且将此时当作信号的到达时间。第一个条件保证了出现 S 模式报头，第二个条件保证了相关峰的唯一性。

图 3.5　互相关检测取值范围

合理设置检测门限将直接影响信号检测性能。从理论上讲，接收的报头和预存的标准序列的相关值应为 160，而接收的非报头部分（S 模式应答数据块或 A/C 应答）和标准序列相关后的最大值为 120。考虑到真实信号会受到信道、噪声及干扰等的影响，保证报头检测具有一定容错及抗干扰能力，将检测门限设置为 140。设报头长度为 L_p，基带采样时钟为 F_S，则检测门限可以通用表示为 $\frac{7}{8} L_p F_S$。

判断相关峰，当峰值唯一时，可以取 "<、>" "≤、>" "<、≥" 或 "≤、≥" 4 种判定规则，但对于峰值不唯一时，仅 "≤、>" 和 "<、≥" 组合才能做到既不漏检也不多判。表 3.1 所列为相关峰判断准则，表中 "0" 表示没有判断出相关峰，"1" 表示判断出一个相关峰，其他数字表示判断出相应个数的相关峰，括号中字母表示判断出的相关峰位置。"<、≥" 判定法则也有一个不足：在表 3.1 中第三种情形下，虽然 b、c 点已超过门限但并不是峰值，此时也会在 b 点判定出相关峰。而 "≤、>" 规则保证了在峰值的上升期不会误判出峰值，故本节选用 "≤、>" 组合作为判定规则。

表 3.1 相关峰判断准则

相关峰	<、>	≤、>	<、≥	≤、≥
a b c	1（b）	1（b）	1（b）	1（b）
a b c	0	1（b）	1（a）	2（ab）
a b c	0	1I	1（b）	2（bc）
a b c	0	1I	1（a）	3（abc）

3.2.3 报头互相关检测技术性能评估

为了验证 3.2.2 节所述的基带归一化的报头互相关检测技术的性能,利用 MATLAB 进行蒙特卡罗仿真,以检验在不同 SNR 下该方法对信号报头的检测概率。

仿真条件:①蒙特卡罗次数为 10000;②噪声类型为加性高斯白噪声(AWGN);③A/D 采样时钟 480MHz 直接射频采样(欠采样);④基带数据率 20MHz;⑤量化门限为 4 个脉冲电平平均值减去 4dB;⑥相关峰门限 140。

实际环境中存在着大量的异步 A/C 应答信号的干扰。文献[9]表明,在每秒存在 40000 次异步干扰时,报头叠加上 0.45μs 长的 A/C 应答脉冲的个数一般不超过 2 个,其在 20MHz 数据率下的采样点个数为 18 个,故而在报头受到两个 A/C 脉冲干扰时,相关峰至少为 142(160 减去 18),超过了相关峰门限,不会出现漏警,所以该方法可以抗两个异步 A/C 脉冲干扰,具有良好的鲁棒性。另外,在实际环境中存在着数量较多的 S 模式应答信号,若 S 模式应答信号干扰到信号报头,在单天线的情况下目前还没有很好的方法进行处理,所以在本节中只考虑 A/C 应答信号干扰的情况。

图 3.6 所示为报头互相关检测仿真过程。SNR=4dB 时,从基带信号到报头确认的过程为:第一步计算报头脉冲的信号电平,以确定该报文的量化门限;第二步根据量化门限将基带信号量化为"0、1"数字电平,完成归一化;第三步将量化后的采样数组与预存标准序列作互相关,根据相关峰判定法则确认报头存在并提取到达时间。

判定是否成功检测到报头有两个条件:一是否产生了报头确认脉冲;二是产生确认脉冲的位置是否准确(在 20MHz 数据率下偏移不超过两个采样点)。以此为依据统计在不同信噪比条件下,该互相关检测方法对信号报头的检测概率和国际标准中推荐的基于脉冲位置和上升沿的检测方法的检测概率。图 3.7 所示为报头检测方法性能对比,仿真结果表明以下两点。

(1)当 SNR<2dB 时,基于脉冲沿的检测方法优于互相关检测方法。

(2)当 SNR>2dB 时,互相关检测方法优于基于脉冲沿的检测方法。

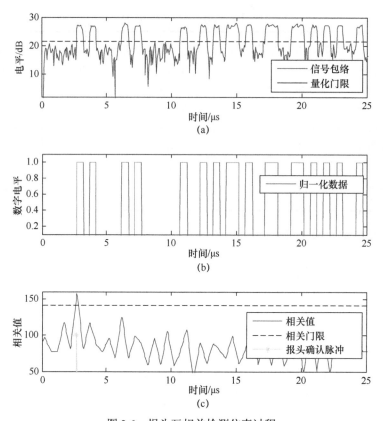

图 3.6　报头互相关检测仿真过程

（a）信号包络及量化门限；（b）归一化电平；（c）互相关检测。

因此，两种方法各有优劣，但在实际环境中谁更有优势，应该明确在实际环境中信号的信噪比情况。首先计算应答信号到达接收机的最小功率，假设机载应答机的功率为 51~57dBm，飞机在航线上的高度一般不超过 11000m，根据视距计算公式，即

$$R = 4.12(\sqrt{H_1} + \sqrt{H_2}) \qquad (3.2)$$

式中：H_1 为雷达接收天线的高度；H_2 为飞机海拔高度。假设接收机架高 100m，可得最大视距为 461km，再根据自由空间的衰减公式 $\lambda^2 G_r L / (4\pi R)^2$，假设接收天线增益 G_r 为 3dB，λ 为波长，查表得到大气衰减因子 L 为 −2 dB，得到衰减值为 −144.5 dB，所以应答信号到达接收机的最小值为 $51 - 144.5 = -93.5$(dBm)；再计算接收机通道噪声功率为 $-114 + \mathrm{NF} + 10\lg(B_f)$（dBm），NF 为接收通道噪声系数，按工程经验值取为 3dB；B_f 为滤波带宽，按工程经验值取 30MHz，可得噪声功率为 −96.2 dBm。由此可得，进入接收机的最小信噪比为 2.7dBm，所以在实际环境中信噪比大于 2.7dB，在此信噪比区间，互相关检测法的性能更优。

仿真结果分析如下。

（1）在 SNR 较小时，信号与噪声的差别不大，较多的噪声会被量化错误，导致相关峰在门限以下或者相关峰的位置有较大的偏移而造成检测失败，而基于脉冲沿的方

法只需要在 4 个脉冲中成功检测出两个具有合理位置关系的脉冲上升沿就可以认为是检测成功，故而基于脉冲沿的报头检测成功率稍大。

（2）在 SNR＞1dB 时，被错误量化的噪声减少，相关峰基本上都能超过门限，从而得到正确检测，而如果被量化错误的噪声紧靠在脉冲前沿，导致无法正确检测到具有合适位置关系的两个脉冲前沿，则会使报头检测失败，故而互相关检测方法的检测概率稍高。

值得注意的是，基于脉冲沿的检测方法仅利用脉冲位置及脉冲上升沿的信息检测脉冲的存在，容易导致虚警，需要继续确认报头的正确性，这些确认过程将导致检测死区，可能造成对真正报头的漏检。在这一点上，互相关检测方法隐含地利用了脉冲位置、上升沿、下降沿、脉冲宽度等多个信息可直接准确判定报头的出现，在没有 A/C 应答干扰的情况下没有出现虚警，图 3.7 所示为报头检测方法性能对比，SNR＞4dB 后，报头的正确检测率为 100%，从而增加在真实环境中的检测概率。

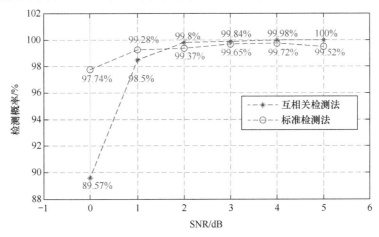

图 3.7　报头检测方法性能对比

虚警的产生主要是存在 A/C 应答干扰的情况下，通过 10000 次蒙特卡罗仿真在两个 A/C 应答干扰叠加的情况下，基于脉冲沿的检测方法和互相关检测方法的虚警率皆为 0.02%，虚警的产生并不代表会产生误码，经过后续的报文提取以及 CRC 校验，虚警将会被删除。从虚警率上看，两种方法的性能相近。

在真实环境中，S 模式应答信号报头检测将面临同频干扰、信号多径等多个问题。尤其在飞机数量较多的地区，其受干扰的可能性以及信号混叠的概率也会大大增加。为充分验证该检测方法的实用性，选择在航空运输非常繁忙的长三角地区作接收试验（接收站在绍兴），接收对象为基于 S 模式的 ADS-B 信号。接收试验采用两套接收设备：一套为自研 ADS-B 接收机；另一套为国际主流民用 ADS-B 接收机（SBS-3）。两套接收机共用一根全向天线，利用一分二的功分器连接。分别记录接收到并成功解码出的报文，选取同一时段，时长 1h 记录的数据进行统计分析。自研接收机共解码出 480337 条报文，SBS-3 接收机共解码出 473756 条报文。试验结果表明，自研接收机的接收效果略优于 SBS-3 接收机，且在 200km 范围内，只要信号不被遮挡，且目标处于视距范围内，对目标的监视可以达到至少 1s 输出一个点，形成非常连续的航迹。

3.3 数据块信息解码技术

本节将对 ADS-B 信号的接收解码进行研究和实现。首先开展对解码和时间提取进行总体方案的设计，然后针对其中的关键环节的实现难点进行分析和实现方法研究，随后进行硬件实现，最后对结果进行分析。

ADS-B 信号的格式有别于 A/C 模式的首尾框架脉冲，是以特定报头引导的脉位调制数据块。信号的每一个码元的宽度为 0.5μs，采用对每个码元多次采样进行数字化的方法作数据录取，同时考虑到处理时的数据量大小，使用 8MHz 时钟对每个码元采样，每个码元将采出 4 个数字信号。在此基础上进行报头检测和数据解码。

为了充分利用 FPGA 逻辑单元，数据块信息的采样也是利用这 66 位的序列来存放。在检测到报头后，报头数据将在采样时钟驱动下不断移出 66 位的采样序列，在 64 个采样周期后，报头完全移出，序列中将是一个字节的数据块采样信息。因为这个序列的值在不断地更新，所以每当一个字节的采样值完全进入序列后，需要立即对其进行解码处理。

在这个序列中，8 个采样值表示一个比特的数据。因为 ADS-B 信号的数据块经过了曼彻斯特编码，所以理论上，这 8 个采样值只有两种可能性：前 4 位是"1111"，后 4 位是"0000"；前 4 位是"0000"，后 4 位是"1111"。然而由于一个脉冲的上升沿和下降沿有一定跨度，所以实际信号并非如此理想，但在曼彻斯特码元应该是 1 的地方，可以基本保证中间两位是 1。同时考虑到尖峰干扰在曼彻斯特编码为 0 的时段出现的情况，在解码时应考虑将其滤除。根据上述分析，确定解码方法如下：取 8 个采样值的第 2 位和第 3 位做与运算，确定第一个曼彻斯特码元的值；取第 6 位和第 7 位做与运算，确定第二个码元的值；将两个码元的值进行异或，若为 1 则表明是正确的曼彻斯特编码，按照编码规则取第一个码元的值为数据的一个比特位，若不为 1，则表明其因受到干扰而不满足曼彻斯特编码规则，两个码元同 0 或同 1，同样取第一个码元输出即可。

完成对一个字节的解码后应将其发送给上位机，但因为解码和发送的速率不一致（解码速率为 1MHz，而解码板和上位机是通过串口进行数据传输，其最快传输速率为 115200，约为解码速率的 1/10），数据传输将无法完成，但是数据的解码并不是持续不断的，因为空中飞机发送应答信息是间歇性的，所以从长时间来看，较低速率的串口还是可以满足数据传输的需求。FPGA 中的 FIFO 存储单元正好能解决数据传输速率不匹配的问题，先将解码数据存入 FIFO，再使用串口以 115200 的速率不断进行传输，直到将 FIFO 中的数据发空为止。为了使 FIFO 不至于频繁溢出，应该使 FIFO 的容量尽量大些，本解码板设置为 4096×8。

对串口的传输速率能否满足要求的问题，分析如下。

假设天线能同时接收到 200 架飞机的应答信号，每架飞机每 0.5s 发送一次位置信息，则每秒钟可接收到 400 帧数据。每帧数据长为 14B，加上预留的 4B 的时间信息和 2B 的起始标识，共 20B，160bit 的数据，则 1s 内共有 400×160=64000bit 的数据有待传输，而串口以 115200 的速率传输 64000bit 是完全能够满足要求的。

同时使用已有的 DSP 解码板对接收到的 ADS-B 信号进行解码，在共用微波前端的基础上，利用 FPGA 进行解码效果和利用 DSP 进行解码效果相比，发现 DSP 接收解码板所能解码显示的民航飞机，FPGA 解码板同样可以解码显示，且在距离较远的靠近韩国西海岸的民航飞机，FPGA 解码板还能够对其进行解码显示。

3.4　多通道融合纠错的理论基础

目前的空域中，载频在 1090MHz 上的信号有二次雷达 A/C/S 模式应答信号和基于 1090ES 数据链的 ADS-B 下行信号。图 3.8 所示为各种信号的时间长度，A/C 模式应答信号的长度为 20.75μs，S 模式应答信号及 1090ES 格式的 ADS-B 下行信号的长度为 64/120μs（56/112μs 的数据加上 8μs 的报头），在理想情况下 1s 内可以发射或接收 8000 多帧 S 模式应答信号或 ADS-B 下行信号，或更多的 A/C 模式应答信号。

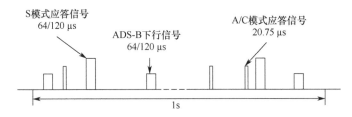

图 3.8　各种信号的时间长度

A/C/S 模式二次雷达是即问即答式的，而 ADS-B 下行信号具有时间上的自适应发射机制，选择在空域中的静默时隙发送。由于信号完成发射所用的时间相当短暂，所以可以认为大多数的信号没有和其他信号有重叠的部分，当然不排除这样的情况。基于这样的认识，对多通道接收解码的研究将在这样的前提下进行，即多个接收通道在同一时刻只有一架飞机的信号到达。本章仅对两通道进行研究，多通道的原理是一样的，可以容易地进行拓展。

将两个接收天线安装在同一个支架上，朝向不同的角度（同时有覆盖区域的交叠），使用相同长度的微波电缆，以保证同一个信号通过两个通道到达解码输入端时严格的脉冲沿对准。

在无线通信中，发射信号可能经过直射、反射、散射等多条路径到达接收端。这些多径信号相互叠加会形成衰落，其中快衰落的衰落深度可达 40dB。衰落会严重影响通信质量（如会导致数字信号的高误码率等）。

直观上可以通过加大发射功率来抗衰落，但这实际上并不可行。目前典型的抗衰落方法有信道编码、均衡、扩频和分集接收。信道编码通过增加信息的冗余度来纠正衰落引起的误码，S 模式应答信号中的 CRC 冗余校验编码即是如此；均衡主要通过补偿信道衰落引起的畸变来减小衰落的影响；扩频是通过特殊的信号设计所具有的多径信号能力来消除引起衰落的多径信号干扰效应；而分集接收则是有意识地分离多径信号并恰当合并，以提高接收信号的信噪比来抗衰落。多通道能实现相互纠错正是基于分集接收技术。

（1）分集接收是一种有效的通信接收方式，它能以较低成本改善系统的性能。分集的概念可以简单解释为：如果一个无线路径经历深衰落，那么另一个相对独立的路径中可能仍保持着较强的信号。因此，一旦在多径信号中选择出两个或两个以上的信号，接收机的瞬时信噪比和平均信噪比就可得到较大幅度的改善。

（2）分集方式分为宏观分集和微观分集两大类。宏观分集主要用来抗慢衰落，微观分集主要用来抗快衰落。微观分集又可分为空间分集、频率分集、时间分集、极化分集、角度分集和路径分集。空间分集的依据是相距间隔达到一定程度时，不同接收地点收到信号的衰落具有独立性。当多个接收支路的间隔在 0.6 个波长以上，接收的信号具有较好的独立性。S 模式应答信号载频的波长大约 0.3m，架设在同一支架上的两幅接收天线之间的间距可以满足信号独立到达的条件。空间分集的基本结构为发射端使用一副天线发射，接收端使用多副天线接收。

（3）分集合并技术。对接收到的多个通道信号，可以在中频和射频上进行合并，也可以在基带上进行合并。合并方式有最大比合并、等增益合并、选择式合并和切换合并。

在满足信号接收独立的条件下，到达信号在某副天线处有较深的衰落时，而在另一副天线处有可能却保持着较强的信号。这为本章基于空间分集的双通道融合纠错提供了可能。根据 S 模式应答信号的调制特点，选择在基带上采用改进了的选择式合并技术进行双通道的接收解码及融合纠错。

3.5　双通道接收解码及纠错方案设计

3.5.1　双通道接收系统方案设计

双通道接收解码在系统结构上是在解码板之前增加一路接收通道，包括天线、功率放大器和微波前端。双通道接收解码系统结构如图 3.9 所示，因为除在解码板前端增加了一路接收通道外，解码板之后的部分和图 3.2 中接收解码部分一致，所以结构图进行了简化。但双通道接收解码不仅仅是多增加一个接收天线那么简单，其主要工作是在解码板中如何对接入的两路基带信号进行时间提取、融合纠错及合并输出。

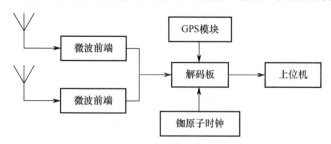

图 3.9　双通道接收解码系统结构框图

3.5.2　双通道下的 TOA 提取

在单通道下，对信号 TOA 的提取是明确的，即提取在报头检测成功后数据块第一个曼彻斯特编码的变化沿触发读取计时器信息，修正"报头长度+半个信息位长度"作为该条报文的接收时间。对于双通道,应该选择哪个通道进行信号 TOA 提取呢?不能将 TOA 的提取固定在哪一个通道上,应该根据接收信号的强弱、好坏来动态决定。信号到达两个通道的情况有以下几种。

(1)通道 1 较好检测,通道 2 未能检测。

(2)通道 1 未能检测,通道 2 较好检测。

(3)通道 1、通道 2 都能检测,且检测良好。

(4)通道 1、通道 2 都能检测,但都有误码(误码率不一致)。

根据以上 4 种情况,应选择能较好检测信号的通道进行信号 TOA 的提取。对检测信号的好坏,可以根据报头的相关度来判断。一般情况下,在报头成功检测后还有 DF 认证这一步,选出我们所关心的信息。对 DF 认证可不必单独判断,可以将我们关心的 DF 编码号加在报头中一并进行报头检测,同时使得用报头的相关度大小来判定信号检测的好坏更有说服力。解码板中的实现流程如图 3.10 所示。

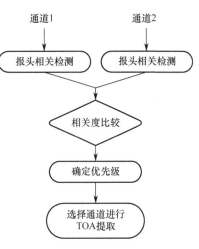

图 3.10 解码板中的实现流程

3.5.3 融合纠错方法

S 模式长报文格式应答信号除去报头之外的持续时间是 112μs,共有 112bit 数据信息(14B),每个字节包含 8 位数据,每位数据由两个曼彻斯特码元构成,在 8MHz 采样频率下,一个字节包含 64 个采样值。

解码板对两个通道的基带信号进行解码是以一个字节为单位进行的,各自分别解码,形成两路数据,同时将两路数据进行融合,形成第三路数据。对两路分别采得的 64 个采样值的解码步骤如下。

(1)对通道 1 采得的 64 个采样值解码。将 64 个采样值每 8 位解码成一位数据。前 4 位为曼彻斯特前一个 chip,后 4 位为后一个 chip,将前一个 chip 的值作为曼彻斯特解码后的值(10 表示 1,01 表示 0)。

(2)对通道 2 采得的 64 个采样值解码。解码方法同(1)。

(3)将通道 1 和通道 2 的解码值融合为第三路数据。对通道 1 第一个数据位进行曼彻斯特检验(前一个 chip 值和后一个 chip 值进行异或),对通道 2 做相同的检验。若两者都符合曼彻斯特编码,则将报头相关度高的通道的该位数据赋予第三路数据;若两者之一符合曼彻斯特编码,则将符合编码的通道的这位数据赋予第三路数据;若两者都不符合,将报头相关度高的通道的该位数据赋予第三路数据。以此方法对第 2~8 个数据做处理,完成对一个字节的融合。

在采完下一个 64 个值后进行同样的处理,直至完成 112 位数据的解码和融合。从上面的解码融合方法来看,当某个通道的信号局部受到干扰而另一个通道正常接收时,两个通道可以进行融合形成正确的第三路数据,达到纠错的效果。当然也有可能出现第一路或第二路正确，融合的第三路数据却错误的现象。这是因为，虽然正确接收的通道在某一个数据位上不符合曼彻斯特编码规律，但仍可正确解码（第二个 chip 受到干扰），同时另一个通道此位虽符合曼彻斯特编码却是来自不同的应答信号，这时将符合曼彻斯特的数据位去代替正确的解码值，就将出现融合错误。但这种融合错误将在最终对 3 路数据进行合并时消除。

3.5.4 改进的选择合并方式

在分集合并技术中，选择合并是指将 N 个接收机的信号先送入选择逻辑，选择逻辑再从 N 个接收信号中选择具有最高基带信噪比的基带信号作为输出。本章对应于最高基带信噪比就是解码的数据满足 CRC24 校验，选择的输出也不在视频端，而是在解码之后。

从 3.5.3 节中可知，双通道接收解码并融合后将产生 3 路数据，即通道 1 解码数据、通道 2 解码数据及融合数据。对 3 路数据都进行 CRC24 校验，校验正确的通道数据将被输出，若同时校验正确，则输出报头相关度高的通道数据，若两个通道的数据的 CRC24 校验都不正确，不论融合数据能否通过校验，都输出融合后的数据。

这种改进的选择合并方式将不迷信于经过融合的数据，而是以保证完全正确的 CRC 校验为准则，这就可以避免 3.5.3 节中所提出的错误的融合数据对正确输出的影响。同时，在对 3 路数据进行 CRC24 校验后，将校验结果以标志位的形式记录在时间字节的最高 3 位（分配给信号的 TOA 4 个字节，但以 10ns 为步进单位的时间只占 28 位，最高 4 位可作他用）。若通道 1 的 CRC24 校验正确，则将最高位赋 1，否则赋 0；若通道 2 的 CRC24 校验正确，则将次高位赋 1，否则赋 0；若融合数据的 CRC24 校验正确，则将次高位的下一位赋 1，否则赋 0。如此一来，则可以在上位机的软件中对双通道的数据率增加效果以及所能达到的纠错效果进行评估。

3.5.5 随机多位纠错技术

S 模式 ADS-B 信号使用 24bit CRC 校验码来保护数据，校验码用前 32 个比特位（56bit 数据块）或前 88 个比特位（112bit 数据块）。根据下式，即

$$G(x) = x^{24} + x^{23} + x^{22} + x^{21} + x^{20} + x^{19} + x^{18}$$
$$+ x^{17} + x^{16} + x^{15} + x^{14} + x^{13} + x^{12} + x^{10} + x^3 + 1 \tag{3.3}$$

生成 24bit 校验码放在地址位字段中。接收方在收到信息后解出报文并根据校验码判断是否正确接收，如果发生错误，可采用纠错技术进行报文做纠错处理。在对目前主流纠错技术进行对比研究后发现，不论是保守纠错技术还是强力纠错技术，都是在对数据位的置信度准确判定的前提下进行的。所以，一个好的置信度判定法则对纠错性能的影响是至关重要的。经典的判定方法是基线多样点算法，文献[6]分析了其不足并进行了改进。本节采用多样点判定的思想，在信号数字化后进行多点采样分析作置信度判定。具体方法如下。

根据 ADS-B 信号的特点，采用主流 8MHz 时钟采样，由于应答信号的数据率为 1Mb/s，那么每个信息位将有 8 个采样值（1 或 0）；将这 8 个采样值分为两组，前 4 个

采样值和后 4 个分别为一组，分别对应前一个 chip 和后一个 chip；一组采样值中如果 1 的个数不少于 3 个，则判定其对应的 chip 的值为 1，否则为 0；那么一个信息比特位前后两个 chip 的值可能出现 4 种情况。对应 4 种情况的置信度判定准则如表 3.2 所列。

表 3.2　4 种情况的置信度判定准则

前 chip	后 chip	数值	标记	置信度
0	0	0	0	低
0	1	0	1	高
1	0	1	1	高
1	1	1	0	低

为了评估置信度判定准则的有效性，我们接收空中的真实 ADS-B 信号对其进行验证。验证的思路为：对低置信度比特的所有可能组合做 CRC 校验，如果某种组合校验成功且在解析出的航迹上不出现野值，则说明该报文被成功纠错，以成功纠错的比例来评估该法则的有效性。

利用自研的 ADS-B 接收机（接收 S 模式下行数据链 DF17 号报文，可以得到目标位置等信息，方便验证；性能和国际上主流 ADS-B 接收机（SBS-3）相当）接收空中真实的信号，将检测到的 ADS-B 报文根据置信度判定准则对每一个比特都打上置信度标记，然后将报文和置信度一起传送到上位机。上位机根据置信度对低置信度位数小于 18 位（考虑到处理能力和时间）的 10000 条报文进行了强力纠错，成功纠错的报文为 9824 条，比例为 98.24%。试验结果表明该置信度判定法则实用有效。

传统的保守纠错技术可对由 A/C 应答信号干扰引起的突发错误进行有效纠错。单个 A/C 应答持续时间 20.75s，对 S 模式应答造成干扰引起误码的跨度最多为 21bit，小于 24bit，且造成的低置信度比特位数一般都小于 12。根据文献[2]的保守纠错技术，只要低置信度判定准确，保守技术就能够找出错误图样，完成纠错。而《RTCA DO-260B》协议中的强力纠错方法，考虑到纠错的唯一性以及纠错处理能力，只对随机分布不超过 $d-1\text{bit}$ 的错误图样，$d=6$ 表示汉明距离。通过接收试验进行统计，结果表明在真实环境中，低置信度比特个数超过 6bit 的情况是非常频繁的。对实际应用来说，这样的纠错能力并不能很好地满足要求。

统计试验（真实环境）：接收 S 模式 DF17 号报文，对满足报头检测，且数据块 112bit 中低置信度小于 30bit 的 10000 条报文进行统计，既不能采用保守技术纠错，也不能采用传统强力技术纠错的报文数量占总报文数的 40.65%。该数据充分说明了改进现有纠错算法的重要性。如何在应对突发错误之外增加对随机多位纠错的能力是本节研究的重点。对上述 10000 条报文作误码统计，得到的 S 模式应答报文低置信度统计如图 3.11 所示，解码完全正确的只有 33.88%，低置信度比特数在 10 个及以下的占 69.81%，而低置信度比特数在 20 个及以下的占 86.31%。

统计数据表明，如果能增加对随机误码比特的检错纠错能力，如 10bit 以上，将大大增加对 ADS-B 信号的解码率。但每增加一个比特位的纠错能力将花费 2 倍的时间，实时纠错要求在一个报文的时间内（短报文时间长度为 64μs，长报文时间长度为 120μs）完成，所以随机多位误码纠错的瓶颈是处理时间的限制，如何加快处理速度是提升纠错能力的关键。

每一个错误位置对应一个单位校正子，对这些单位校正子进行组合以后得到一个组合的校正子。如果已经正确地完成了置信度判定，那么数据里所有可能的错误应该只出现在低置信度位上。于是将校正子对应的低置信度位作取反处理，作 CRC 校验，对所有校正子进行处理（假设只有一个成功匹配），把这个校正子对应的位取反，则完成纠错。如果接收报文中有 n 个低置信度比特，则校正子的个数为 $C_n^0 + C_n^1 + \cdots + C_n^n = 2^n$。这意味着

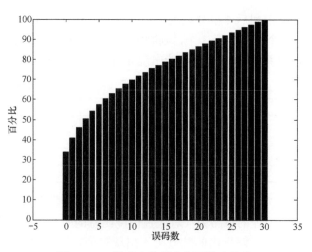

图 3.11　S 模式应答报文低置信度统计

每增加一位的纠错能力，将付出两倍的计算量。如果要实现 20 个比特位的纠错能力，将有 $2^{10} \times 2^{10} = 1048576$ 次取反并进行 CRC 校验的运算量，在实时处理的要求下，需要在一条 S 模式报文的时间内完成，这样的运算量对于现在的硬件处理来说是无法完成的（1ns 内运算 10 次）。

本节所述方法的思路是避开保守纠错的原理限制，同时寻求强大硬件的支持以提高纠错运算的速度，并对可能引入的 CRC 正确的伪报文在航迹上作滤除处理以保证在多位随机纠错情况下的正确性。本章采用的方法是利用高速显卡上图形处理器（Graphics Processing Unit，GPU）强大的并行处理能力，将上述运算量分配到具有多个计算统一设备架构（Compute Unified Device Architecture，CUDA）核心运算单元上作取反和 CRC 校验处理。具体方法是：CPU 根据报文中低置信度比特的个数（n）计算纠错的运算量（2^n 次取反和 CRC 校验），将计算任务提交给 GPU，GPU 自动将计算任务分配给 CUDA 核心，若某个核心将报文的某几位低置信度比特取反后通过了 CRC 校验，则向指定的内存写入那几位低置信度比特的标记。在 GPU 完成计算任务后，CPU 检查指定的内存，若为空白，则表明纠错未能成功；若有低置信度的标记，则将对应位置取反，以完成纠错。采用 496 个 CUDA 核心可对 18 个比特位随机错误码进行实时纠错，按上述统计结果，通过强力纠错处理可实现高达 83.37% 的解码率，较《RTCA DO-260B》协议中的纠错方法提高了 23.72% 的解码率。

GTX980 包含 2048 个 CUDA 核心，速度更快，可以完成更高位数的实时强力纠错处理。值得注意的是，并非所有情况都适合 GPU 进行处理：在低置信度比特个数小于某个数 N 时（基于本章所采用的硬件，$N=8$），采用 CPU 纠错速度更快，因为采用 GPU 纠错会涉及 CPU、GPU、内存、显存之间的相互通信，通信的时间会抵消掉并行运算所节省的时间。所以，应根据实际情况动态调整纠错运算单元的配置：在 $n \leqslant N$ 时，仅用 CPU 纠错；在 $n > N$ 时，再采用 GPU 纠错。

利用上述强力纠错方法虽然可以大大增加信号的解码率，但也将带来一个潜在的问题：对低置信度比特某些位取反且 CRC 校验通过并不代表正确地对报文进行了纠错。

从理论上来说，当低置信比特数大于汉明距离时采取强力纠错，可能存在多种组合通过 CRC 校验的情况，这就使得纠错"成功"的报文并不一定是我们期望得到的。这就需要在获得多位强力纠错带来的好处时，来克服其不足。利用飞机航迹平稳的特性，在显示记录航迹时，对航迹作滤波，剔除掉野值点以去掉那些虽然通过了 CRC 校验却不是所期望的报文。

具体的做法是将 A/D 数据送入 FPGA 进行数字下变频、滤波、求模、求对数、量化等处理，得到归一化数字信号，在此基础上，首先判断报头及 DF 字段，在解码的同时形成相同长度的置信度报文，将粗解码报文及置信度报文一起发送给上位机，通过 CPU 进行校正子组的划分，调度 GPU 核心运算单元进行纠错处理，完成对一条粗解码报文的随机多位强力纠错的实现。强力纠错流程如图 3.12 所示。

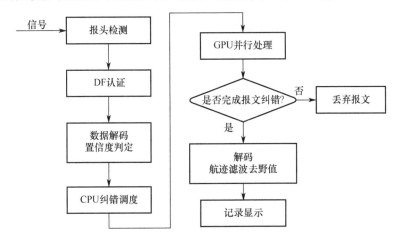

图 3.12　强力纠错流程

在纠错过程中组合校正子产生的步骤如下：假设接收到一条 S 模式长报文应答信号，在 FPGA 中解出 112 位的数据报文和对应的 112 位置信度数组，其中有 6 个低置信度位，分别为 8、34、41、73、92、105。那么在上位机先形成一个 6 个比特位的数组与之对应，并从"000000"开始计数，直到"111111"，每一个数值则对应一个组合校正子。若计数到"000101"，则将"1"所对应的第 73 与第 105 比特位进行取反，并作 CRC 校验。通过这样的计数，则将每个组合校正子进行了一次遍历。可以看出，纠错能力的大小取决于上位机计算能力的大小，尤其是 GPU 的运算能力。

在某些要求重量和体积的便携式接收终端中，通常不方便安装高速显卡，此时欲达到较好的纠错效果以实现较高的解码率，可以考虑通过在 FPGA 内部实现纠错，不过纠错能力会受到处理时间的限制。通过快速 CRC 校验算法（取反和 CRC 检错只需一个时钟周期），在 50MHz 时钟下，在 120μs 时间限制下可以完成不大于 12 个低置信度的报文纠错处理，即可以实现汉明距离为 13 的随机误码纠错，解码率可达 73.66%。用 FPGA 实现硬件高速纠错，CRC 校验的核心 VHDL 代码如图 3.13 所示，主要完成低置信度比特的取反和 CRC 校验。在这之前需要完成低置信度比特的定位及标记。采用性能高的 FPGA，运行在更高频率的时钟下，同时采用以面积换时间的思路，复制多个纠错模块，可以实现更多位的纠错。

文献[4]中的保守纠错技术可以对低置信度比特位数小于 12bit 且跨度不大于 24bit 的报文进行保守纠错。保守纠错的优势是速度较快，劣势是将纠错的范围限定在了跨度为 24bit。在很多情况下，低置信度比特位的个数很少，但其跨度很大，这就导致保守技术无法发挥作用，而这种情况对于强力纠错来说显得非常轻松。结合保守纠错和强力纠错对报文进行联合纠错，可充分发挥各自的优势，达到最佳纠错效果。

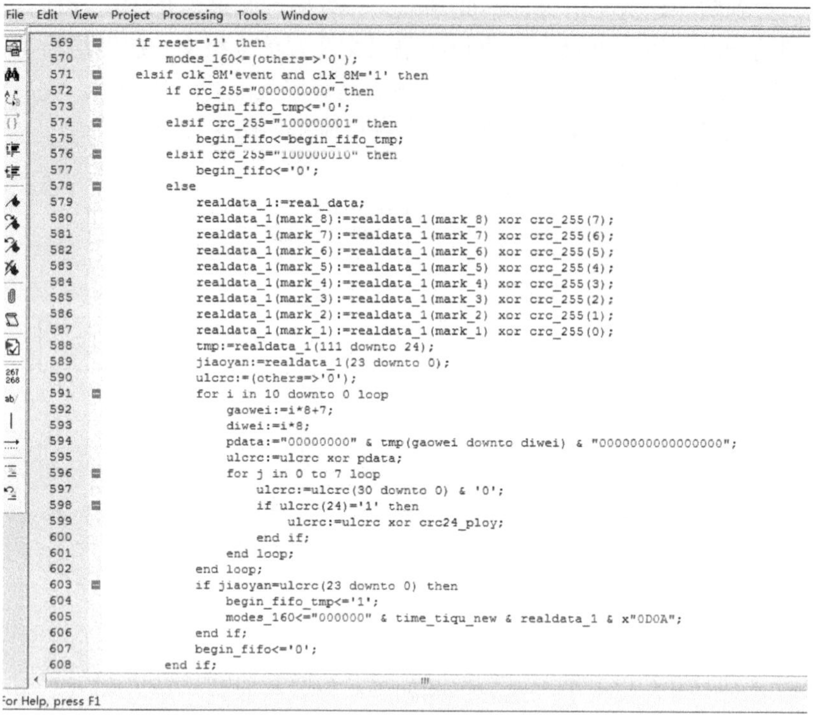

```
File  Edit  View  Project  Processing  Tools  Window
569       if reset='1' then
570         modes_160<=(others=>'0');
571       elsif clk_8M'event and clk_8M='1' then
572         if crc_255="000000000" then
573           begin_fifo_tmp<='0';
574         elsif crc_255="100000001" then
575           begin_fifo<=begin_fifo_tmp;
576         elsif crc_255="100000010" then
577           begin_fifo<='0';
578         else
579           realdata_1:=real_data;
580           realdata_1(mark_8):=realdata_1(mark_8) xor crc_255(7);
581           realdata_1(mark_7):=realdata_1(mark_7) xor crc_255(6);
582           realdata_1(mark_6):=realdata_1(mark_6) xor crc_255(5);
583           realdata_1(mark_5):=realdata_1(mark_5) xor crc_255(4);
584           realdata_1(mark_4):=realdata_1(mark_4) xor crc_255(3);
585           realdata_1(mark_3):=realdata_1(mark_3) xor crc_255(2);
586           realdata_1(mark_2):=realdata_1(mark_2) xor crc_255(1);
587           realdata_1(mark_1):=realdata_1(mark_1) xor crc_255(0);
588           tmp:=realdata_1(111 downto 24);
589           jiaoyan:=realdata_1(23 downto 0);
590           ulcrc:=(others=>'0');
591           for i in 10 downto 0 loop
592             gaowei:=i*8+7;
593             diwei:=i*8;
594             pdata:="00000000" & tmp(gaowei downto diwei) & "0000000000000000";
595             ulcrc:=ulcrc xor pdata;
596             for j in 0 to 7 loop
597               ulcrc:=ulcrc(30 downto 0) & '0';
598               if ulcrc(24)='1' then
599                 ulcrc:=ulcrc xor crc24_ploy;
600               end if;
601             end loop;
602           end loop;
603           if jiaoyan=ulcrc(23 downto 0) then
604             begin_fifo_tmp<='1';
605             modes_160<="000000" & time_tiqu_new & realdata_1 & x"0D0A";
606           end if;
607           begin_fifo<='0';
608         end if;
```
for Help, press F1

图 3.13　CRC 校验的核心 VHDL 代码

图 3.14 所示为保守技术和强力技术联合纠错流程，在对低置信度比特进行标记的基础上，统计低置信度比特的个数，如果不存在低置信度比特则直接进行 CRC 校验，通过后进行解码、显示、记录等；若存在低置信度比特，则判定低置信度比特的个数是否小于 12，在其跨度不超过 24bit 的情况下采用保守纠错以节约时间；在其他情况下，采用 GPU 强大的并行处理能力对报文强力纠错，直到报文通过 CRC 校验为止。由于低置信度比特较多，可能导致同一条报文有多种校正子的组合通过 CRC 校验，从而导致出现虚假的航迹点，这是多位纠错带来的负面影响，但是这些虚假的航迹点是随机的，可能出现在任意的经纬度上，在绝大多数时候是偏离航迹很远，所以采取在上位机中根据时间和速度设定野值，剔除野值并做航迹滤波处理，以避免由于过度纠错而造成混乱。

本节纠错算法已在中船第 724 研究所某试验场进行了应用，图 3.15 所示为 ADS-B 信号接收站。本节所阐述的强力纠错技术，将随着上位机并行处理能力的增强而提升，这对追求高解码率的用户来说，只需要升级 GPU 性能即可。

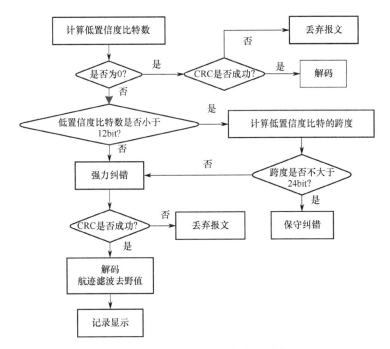

图 3.14　保守技术和强力技术联合纠错流程

图 3.15　ADS-B 信号接收站

3.6　双通道融合数据分析

如何评估双通道相对于单通道的优势以及双通道能否实现相互间的纠错，这需要明确的数据进行说明。根据 3.5.4 节中对通道数据所做的标记，通过上位机对数据进行记录分析。

在输出的数据中，以 0D0A 作为两帧数据之间的分隔符号来引导数据起始，接着是 4B 的时间信息，最后是 14B 的数据信息，其中在时间信息的最高 4 位（串口以十六进制表示），是用作标志位的，在双通道接收融合系统中，只用了前 3 位，具体标记的方法见 3.5 节。表 3.3 所列为标志位数值的含义，对应最高 4 位出现的不同值。

表 3.3　标志位数值的含义

0（0000）	2（0010）	4（0100）	6（0110）	8（1000）	A（1010）	E（1110）
通道1×	通道1×	通道1×	通道1×	通道1√	通道1√	通道1√
通道2×	通道2×	通道2√	通道2√	通道2×	通道2×	通道2√
融合×	融合√	融合×	融合√	融合×	融合√	融合√

从串口记录的数据中提取出 S 模式号为 71BF21、71BF90 和 780671 这 3 批飞机的双通道解码融合情况进行统计分析，标志位统计结果如表 3.4 所列。

表 3.4　标志位统计结果

标志位值→	0	2	4	6	8	A	E	总数↓
71BF21	93	15	8	89	0	0	17	222
71BF90	82	29	6	28	2	34	28	209
780671	35	17	16	50	0	4	35	157

当标志位的值为 8、A 或 E 时，表明通道 1 正确接收并解码出 S 模式的应答信号；当标志位的值为 4、6 或 E 时，表明通道 2 正确接收并解码出 S 模式的应答信号；当标志位的值为 0 时，表明双通道及融合数据都未能正确接收解码；当标志位的值为 2 时，表明在通道 1、通道 2 都未能正确接收解码时，将二者进行融合达到了纠错的效果，融合出了正确的数据。

在同一段时间内，双通道解码分析结果如表 3.5 所列，对应一段时间内所接收解码的数据点个数。

表 3.5　双通道解码分析结果

S 模式号	通道 1	通道 2	共同接收	融合纠错	误码数	总数
71BF21	17	114	17	15	93	222
71BF90	64	62	28	29	82	209
780671	39	101	35	17	35	157

从对 S 模式号为 71BF21 飞机的 S 模式应答信号的接收解码来看，单独用通道 1 接收，仅仅接收解码出 17 个有效数据点，单独用通道 2 接收，可接收解码出 114 个有效数据点。值得注意的是，通道 1 解码出有效数据点时通道 2 同样能解码出。可以合理地猜测，在数据记录的这段时间内飞机主要是处在通道 2 所覆盖的区域，以至于在通道 2 未能正确接收解码的时候，因为通道 1 没有接收到信号而不能提供对其纠错的能力，所以将两个通道进行融合后所能纠错的点数也不是很多（仅 15 个）。在这批数据中，主要是通道 2 在发挥作用，可以近似地将其看作单通道接收，它所接收的误码个数达到了 93 个，几乎是等同于正确接收的个数，从中可以看出，单通道接收的误码率是很高的。

从对 S 模式号为 71BF90 飞机的 S 模式应答信号的接收解码来看，通道 1 和通道 2 所解码出的有效数据点的个数相近，表明飞机在空间上具有相对于两通道覆盖区域对称的特点，同时解码出的有效数据点为 28 个，较上一批数据要多，这表明有更多的应答信号同时被两个通道所接收。从上面的解释可以推出这两个通道将提供更好地相互纠错的能力。从数据中可看出，两个通道进行融合后能纠错的点达到了 29 个，验证了上述分析的正确性。

从对 S 模式号为 780671 飞机的 S 模式应答信号的接收解码来看，虽然两个通道同时解码出有效点的个数较多，但从两个通道单独解码的数据来看，飞机所处空域偏向于通道 2 的覆盖区域，这使得通道 1 接收的信号强度较弱，不能提供较好的纠错能力。

从对 3 批数据的分析可以得出，双通道接收解码不仅可以覆盖更广的空域范围以增加数据量，同时在两个通道覆盖的交叠区域，采用双通道信息融合的方法可提供较好的相互纠错能力。

3.7　小　结

实际工程运用中，更广的空域覆盖和更高的正确接收解码率是 ADS-B 接收设备的两大追求目标。为此，本章开展了 ADS-B 信号接收解码及其纠错技术研究，首先对空域中载频为 1090MHz 的信号类型进行了分析，确定了进行多通道接收解码的现实前提；介绍了分集接收技术的理论依据，阐明了利用多通道进行融合纠错的理论可行性；而后以双通道为例，进行了方案设计和关键技术研究及其实现；最后对实现的双通道接收的数据进行了统计分析，对双通道接收解码相对于单通道的优势做了说明。通过对双通道接收解码及融合纠错技术的研究表明，利用多通道对 ADS-B 信号进行接收解码不仅可以增加空域覆盖范围，同时可以利用多通道接收的信号进行纠错，以作为应对丢点的一种有效技术手段。

基于 FPGA 实现了 ADS-B 信号的接收解码，在对比分析保守纠错技术和强力纠错技术的基础上，提出了利用 GPU 强大的并行计算能力，通过基于数字化多样点置信度判定准则进行强力纠错技术，可对多达 18bit 的随机多位误码进行实时纠错。通过对在距离机场 30km 处采集的数据进行统计分析后，得出了本章强力纠错技术所能达到的纠错效果，最后给出了可应用于工程实际的保守纠错技术和强力纠错技术联合纠错的处理流程。当然，不管是保守纠错技术还是强力纠错技术，都依赖于准确的置信度判定方法。

参 考 文 献

[1] Harman W, Gertz J, Kaminsky A. Techniques for improved reception of 1090 MHz ADS-B signals[C]. Proceedings of 17th Digital Avionics Systems Conference, 1998, 2: G25/1-G25/9.

[2] 周建红, 刘晓斌, 张超. ADS-B 系统应答的一种纠错算法设计与实现[J]. 火控雷达技术, 2011(3): 91-95.

[3] 李小永, 顾春平. S 模式应答的一种纠错算法设计与实现[C]. 中国电子学会第十六届信息论学术年会论文集, 2009.

[4] 温明成, 张超, 曹建蜀. ADS-B 信号保守纠错技术[C]. 2011 年青年通信国际会议论文集. 2011.

[5] 何康. S 模式航空管制雷达−二次雷达数据链编译码方法的研究[D]. 南京：南京理工大学, 2006.

[6] 陈士毅, 李玉柏. 基于置信度判定的循环冗余校验纠错技术[J]. 电讯技术, 2007, 47(1): 175-178.

[7] 王洪, 刘昌忠, 汪学刚, 等. 强干扰背景下 S 模式解码方法[J]. 电子与信息学报, 2009, 31(12): 2876-2880.

[8] 王洪, 刘昌忠, 汪学刚, 等. S 模式前导脉冲检测方法[J]. 电子科技大学学报, 2010, 39(4): 486-489.

[9] Galati G, Gasbarra M, Piracci E G. Decoding techniques for SSR Mode S signals in high traffic environment[C]. 2005 IEEE European Microwave Conference, 2005: 3-4.

第4章 ADS-B 交叠信号分离技术

随着航空运输业的持续快速发展，基于 1090MHz 信道的各类电子设备的广泛使用，使得在该信道上的信号越来越密集，信号相互交叠的情况十分普遍，传统通过纠错的方式对信号接收解码常常顾此失彼造成某些信号被丢弃。4.1 节将对 S 模式信号在高密度信号环境下的交叠概率进行分析，作为在不同环境下规定对接收机的接收解码能力指标要求的参考。基于阵列天线接收在空域上对交叠信号进行分离是分离算法研究的热点，许多研究者提出了针对性的解决算法，PA 分离算法以其良好的分离性能以及稳定性和实用性成为解决该问题的经典方法；4.2 节将充分评估 PA 算法的性能以及影响分离结果的因素，从信号 DOA、信噪比、交叠程度以及信号载频上进行详细分析。针对 PA 算法对严重交叠信号以及信号在时域上被完全覆盖时无法正确分离以及基于 ICA 的盲信源分离计算量过大的不足；4.3 节将从有效估计交叠信号数量、重构分离矩阵的角度研究一种既能解决各种交叠程度的信号分离问题，又能减少计算量以便于工程化应用的算法。

4.1 高密度信号环境下的 ADS-B 信号交叠概率分析

民用航空的多种电子设备，包括机载二次雷达应答机、TCAS、ADS-B 等，都工作在 1090MHz 的频点上，且主要采用 A/C 模式和 S 模式数据链格式。国际民航组织规定发射信号（A/C 模式和 S 模式）的载频应为（1090±3）MHz，后来提高到（1090±1）MHz，而实际上，80%以上的机载设备的载频都集中在 1090MHz ± 200kHz 内。所以，大量的航空器和地面设备以及多种的电子设备使用该频率，使得 SSR、MLAT、ADS-B 系统等各种信号之间的相互干扰十分严重。

对于 A/C 模式应答信号来说，二次雷达系统的和波束具有空域滤波能力，常规的解码算法已可以应对 2~4 重交叠，且个别应答的丢失并不影响点迹的形成。对于 S 模式信号，其采用 PPM 调制的方式，且数据位长达 56/112μs，目前普遍采用的解码方法可以在一定程度上抗 A/C 模式的干扰，但还无法有效解码多个 S 模式交叠在一起的信号，所以本章仅对 S 模式信号交叠概率进行分析。

SSR、TCAS 中的 S 模式应答以及 ADS-B 中的扩展 S 模式广播信号到达接收站可以被认为服从泊松分布。S 模式应答信号分为长度为 64μs 的短报文和 120μs 的长报文。下面以两个短报文的交叠为例进行说明。如果在 128μs 内出现了两条 S 模式短报文，那么这两条报文必然交叠在一起。图 4.1 所示为 S 模式短报文交叠情况，从极限思想来看，$t = 64$μs 的极端情况可以忽略。假设在 1s 内共有 N_s 个短报文，那么在 128μs 内出现报文的平均概率即为 $\lambda = 128 \times 10^{-6} N_s$，$\lambda$ 为泊松分布的参数。

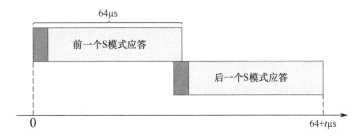

图 4.1　S 模式短报文交叠情况

在 128μs 内出现 k 个报文的概率为

$$P(k) = \frac{\lambda^k}{k!} e^{-\lambda} \quad k = 0,1,2,\cdots \tag{4.1}$$

式中：λ 为出现报文的平均概率，由应答信号及 ADS-B 信号的发射速率以及应答机的数量决定。在经济发达的长三角地区，其繁忙时段在空域中的飞机数量超过了 200 架。假设每架飞机每秒平均发出 10 次 S 模式应答信号，在该区域将会收到超过 2000 条 S 模式报文。国际上对高交通密度环境的设定中，一般考虑每秒存在 40000 个 A/C 模式异步干扰，相对 A/C 应答，S 模式应答相对较少，此假设在高密度的环境中，S 模式应答可达 10000 条/s。

由于泊松分布中所有事件的概率之和为 1，在本例中包含了在 128μs 内出现报文数为 0 的概率，所以在考虑信号交叠的概率时应对其除以 $1 - P(0)$ 进行修正。图 4.2 所示为不同 S 模式信号密度下的交叠概率，两条 S 模式应答交叠在一起的概率要比超过两条的应答信号交叠在一起的概率总和还要多，尤其在中低密度下，这种比例更加悬殊。所以，针对两条 S 模式应答信号交叠进行分离的 PA 算法在目前的信号环境中具有很强的实用性，能很好地提升接收性能。

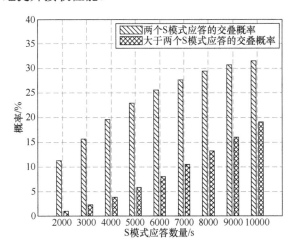

图 4.2　不同 S 模式信号密度下的交叠概率

4.2 PA 分离算法性能分析

4.2.1 信号模型及 PA 算法

假设有 m 个阵元的阵列天线（形式不限）收到 d 个独立的信号。用大于信号带宽的采样频率（10 倍以上）对信号直接射频采样，每次采样的数据存储在大小为 $m \times 1$ 的向量 $x[n]$ 中，在 N 个采样之后，可以得到

$$X = MS + N \tag{4.2}$$

式中：$X = [x[1], x[2], \cdots, x[N]]$ 为 $m \times N$ 的接收信号矩阵；$S = [s[1], s[2], \cdots, s[N]]$ 为 $d \times N$ 的信源矩阵；$s[n] = [s_1[n], s[2], \cdots, s_d[n]]^{\mathrm{T}}$ 为 d 个信源的堆叠；T 表示转置；N 为 $m \times N$ 的噪声矩阵，其每一个元素在时间和空间上都是白色的；M 为 $m \times d$ 的混合矩阵，它包含了天线阵列的特性以及对信源的复增益。假设应答信号都是独立的，即当 $i \neq j$ 时，$E\{s_i s_j^*\} = 0$，同时矩阵 M 是列满秩的（$d \leqslant m$）。

由 4.1 节可知，超过两个 S 模式应答信号交叠在一起在当前的信号密度下是一个小概率事件，而几乎所有的两个应答交叠在一起的情况都存在一个明显的到达时间差，图 4.3 所示为两个 S 模式应答交叠实例。

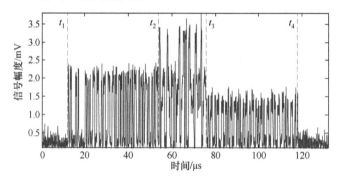

图 4.3 两个 S 模式应答交叠实例

PA 算法的第一步就是要检测不同信号的开始时间以及结束时间 t_i。先将数据按时间进行分段处理，每段数据时长 4μs，这是要保证在这个时间段内至少有两个 S 模式脉冲，S 模式信号格式参见 1.4 节。在数据分段后，对每段数据进行奇异值分解（Singular Value Decomposition，SVD）得到协方差矩阵的奇异值。根据定理（无噪声的信号源盲分离中，当混合信号的个数多于信号源的个数，且源信号数据矩阵行满秩，即 $\mathrm{rank}(S) = n$ 时，未知信号源个数 n 与混合信号数据矩阵 X 的秩数相等），另外矩阵具有其非零奇异值数与秩数相等的性质，所以可以通过判断矩阵 X 的奇异值个数来估计信号源的个数。图 4.4 所示为对实例信号的交叠检测情况，在实际情况中，量测都是有噪声的，理论的零奇异值通常以非常小的数的形式出现，所以通过设置门限估计出矩阵主奇异值个数，即可判断信号源的个数。在此基础上，可以确定应答信号的个数以及不同应答信号的到达时间。

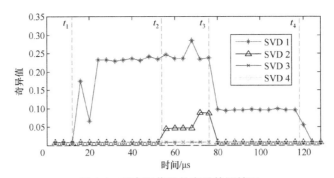

图 4.4　对实例信号的交叠检测情况

用符号 $(\cdot)^{(1)}$ 表示 $t_1 \sim t_2$ 的数据，类似地，用 $(\cdot)^{(2)}$ 表示 $t_3 \sim t_4$ 的数据，则

$$
\begin{aligned}
X^{(1)} &= MS^{(1)} + N^{(1)} \\
X^{(2)} &= MS^{(2)} + N^{(2)}
\end{aligned}
\tag{4.3}
$$

式中：$S^{(1)}$ 为 S 的子矩阵，为时间 $t_1 \sim t_2$ 的采样。所以，矩阵 $X^{(1)}$ 只包含第一个应答信号的数据，同理可知 $X^{(2)}$，那么式（4.3）可以简化为

$$
\begin{aligned}
X^{(1)} &= m_1 s_1^{(1)} + N^{(1)} \\
X^{(2)} &= m_2 s_2^{(2)} + N^{(2)}
\end{aligned}
\tag{4.4}
$$

式中：m_i 为矩阵 M 的列向量；s_i 为矩阵 S 的行向量。注意到，矩阵 $X^{(1)}$ 和 $X^{(2)}$ 在不存在噪声情况下的秩为 1。通过对 $X^{(i)}$ 作 SVD 处理，可以估计出主向量 $\hat{m}_i$，$\hat{m}_i$ 为对应着最大特征值的特征向量。

一旦估计出了和空间特征有关的 $\hat{m}_1$ 和 $\hat{m}_2$，就得到了矩阵 M 的估计值 $\hat{M}$。最后，对矩阵 X 左乘 $\hat{M}$ 的 Moore-Penrose 广义逆，即可得到对信号的估计，即

$$
\hat{S} = \hat{M}^{\dagger} X = (\hat{M}^{H} \hat{M})^{-1} \hat{M}^{H} X
\tag{4.5}
$$

利用 PA 算法分离的结果如图 4.5 所示，可以很清晰地看出，两个交叠在一起的 S 模式应答信号得到了很好的分离。

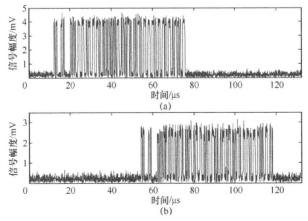

图 4.5　利用 PA 算法分离的结果

（a）前一个应答；（b）后一个应答。

由上述可知，PA 算法的主要步骤可以分为 3 步：①检测应答信号的个数以及不同信号的开始时间和结束时间 t_i；②估计混合矩阵 M；③求逆，乘以原始采样数据以分离信号。

值得注意的是，该算法不局限于二次雷达 S 模式应答信号，对其他类似数据包状的信号也是可用的。

4.2.2　性能分析

在 PA 分离算法中重要的一个步骤就是检测信源的个数。如果两个信号的到达角太靠近，那么将不能有效对信号进行区分。大多数关于信源数的检测方法都是基于采样数据协方差矩阵的特征值，因此考察两个交叠信号在不同到达角度和不同信号功率下的特征值情况。

在理想阵列情况下，$M = AG$，A 为天线阵列的流型矩阵，G 为各个阵元的增益情况。协方差矩阵可表示为

$$R_x = E\{x^H x\} = AR_s A^H + \sigma^2 I_d \tag{4.6}$$

式中：R_s 为 $d \times d$ 的信号协方差矩阵，可表示为 $R_s = GE\{SS^H\}G^H$；A 为 $m \times d$ 维矩阵，通常 $d < m$。对协方差矩阵 R_x，在两个信号交叠情况下，两个较大的特征值 $\lambda_i (i = 1, 2)$ 可表示为

$$\lambda_i = \frac{P_1 + P_2}{2} + \sigma^2 \pm \sqrt{\frac{(P_1 + P_2)^2}{4} + P_1 P_2 \left\| a_1^H a_2 \right\|^2} \tag{4.7}$$

式中：P_1，P_2 分别为两个信号的功率；σ^2 为噪声的方差。

$$a_i = [a_{i,1}, a_{i,2}, \cdots, a_{i,m}]^T \quad i = 1, 2 \tag{4.8}$$

式中：a_i 为矩阵 M 的第 i 列，为 m 个阵元对第 i 个信号的混合参数。对于均匀线阵，有

$$a_{i,k} = \exp(-j\pi(k-1)\sin\theta_i) \quad i = 1, 2; k = 1, 2, \cdots, m \tag{4.9}$$

式中：θ_i 为信号 i 的到达方向，阵元间的间距为信号波长的 1/2。

根据决策理论，需要将 λ_i 和一个门限 $c\sigma^2$ 进行比较，其中常数 c 由信号虚警率决定。假设噪声的类型为零均值高斯白噪声 $N(0, \sigma^2)$，其分布函数为

$$f(x) = \frac{1}{\sqrt{2\pi}\sigma} e^{-\frac{x^2}{2\sigma^2}} \tag{4.10}$$

假设虚警概率为 γ，那么应该有

$$\int_{-\infty}^{c\sigma^2} f(x)\mathrm{d}x + \int_{c\sigma^2}^{\infty} f(x)\mathrm{d}x \leqslant \gamma \tag{4.11}$$

在实际操作中，先对高斯白噪声 $N(0, \sigma^2)$ 进行标准化，再根据虚警概率 γ 通过查表得到常数 c 的值，进而确定检测门限 $c\sigma^2$。

下面对信源个数检测性能进行分析。首先，对具有相同功率的两个信号在不同到达角情况下特征值 λ_i 的变化进行仿真。假设：

（1）接收天线为四阵元均匀线阵（Uniform Linear Array，ULA）；

（2）信号 SNR 为 12dB；

（3）c 取 4.6（在 100 个采样点下虚警率为 10^{-6}）。

仿真得到的协方差矩阵 $\boldsymbol{R}_x$ 的特征值如图 4.6 所示，从图 4.6（a）可以看出，当第一个信号的到达方向为 0°（均匀线阵的端射方向）时，其与第二个信号的到达方向之差小于 12° 时，协方差矩阵 $\boldsymbol{R}_x$ 只有一个特征值大于门限，此时不能判别出存在两个信号。因此，相同的角度差出现在不同的角度上，矩阵 $\boldsymbol{R}_x$ 的特征值也是不一样的。第二个信号的 DOA 在 0° ~ 360° 上变化具有对称性和周期性（0° ~ 90° 与 90° ~ 180° 呈对称性，0° ~ 180° 与 180° ~ 360° 呈周期性），故只画出了 0° ~ 90° 部分。

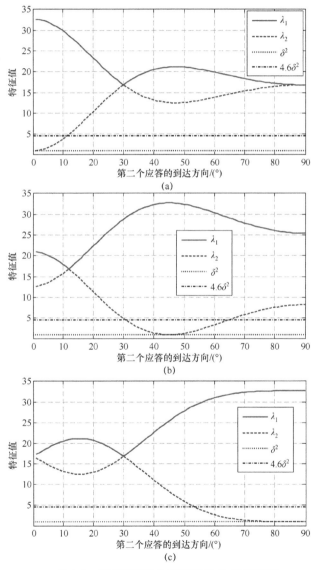

图 4.6　仿真得到的协方差矩阵 $\boldsymbol{R}_x$ 的特征值

（a）第一个应答的到达方向为 0°；（b）第一个应答的到达方向为 45°；（c）第一个应答的到达方向为 90°。

只有当两个应答信号 DOA 之差大于某个值时，基于协方差矩阵特征值的检测方法才能正确判断出信源的个数。假设两个应答信号的 DOA 在 0°～360° 内均匀分布，可以根据式（4.7）和判断准则（λ_1、λ_2 都大于 $c\sigma^2$ 时为检测成功）来评估在不同阵元数下的成功检测概率。

表 4.1 所列为均匀线阵和均匀圆阵下不同阵元数的检测成功率，可以看出以下几点。

（1）当阵列为 ULA 时，成功检测概率随阵元数的增加而增加。

（2）当阵列为均匀圆阵（Uniform Circular Array，UCA）时，成功检测概率在阵元数增加到 8 个时不再增加。

（3）当阵元数小于 12 个时，UCA 的成功检测率要高于 ULA，但随着阵元数继续增加，ULA 的成功检测概率大于 UCA。

表 4.1　均匀线阵和均匀圆阵下不同阵元数的检测成功率

阵元数量	4	6	8	10	12
检测成功率（ULA）/%	74.65	82.33	86.27	88.70	90.35
成功检测率（UCA）/%	77.09	90.16	90.28	90.28	90.28

由图 4.6 可以知道，当两个应答信号的角度差小于一定门限时，基于协方差的特征值的方法就不能正确地判断出信号的个数。那么在正确判断出交叠信号个数的情况下，是否就能够有效地分离信号并正确解码呢？

由 4.2.1 节可知，源信号可以通过式（4.5）进行估计，但是 $\boldsymbol{X}$ 中是含有噪声的，则估计出的源信号中也会包含噪声，那么经过变换的噪声对源信号的估计有什么影响呢？在此，假设混合矩阵 $\hat{\boldsymbol{M}}$ 得到了很好的估计，即 $\hat{\boldsymbol{M}} = \boldsymbol{M}$，将式（4.2）代入式（4.5）中，得

$$\hat{\boldsymbol{S}} = \boldsymbol{M}^\dagger \boldsymbol{X} = \boldsymbol{M}^\dagger \boldsymbol{M} \boldsymbol{S} + \boldsymbol{M}^\dagger \boldsymbol{N} = \boldsymbol{S} + \boldsymbol{M}^\dagger \boldsymbol{N} \tag{4.12}$$

为了估计输出噪声的功率，首先需要估计出 $\boldsymbol{M}^\dagger$。在此假设具有 m 个阵元的均匀线阵接收天线是理想的，且每个阵元的增益一致且为 0dB。故 $\boldsymbol{M} = \boldsymbol{A}$，那么有

$$(\boldsymbol{M}^H \boldsymbol{M})^{-1} = \frac{1}{m(1-|\alpha|^2)} \begin{bmatrix} 1 & -\alpha \\ -\alpha^* & 1 \end{bmatrix} \tag{4.13}$$

式中：$\alpha = (1/m)\sum_{k=0}^{m-1} a_2^k a_1^{-k}$，在此以 ULA 为例，则有 $a_i = \exp(-jk\pi\sin\theta_i)$，$i \in \{1,2\}$；$k = 0,1,\cdots,m-1$。

假设输入噪声是空间白噪声，那么输出噪声的方差可以表示为

$$\sigma_{\text{out}}^2 = G_{\text{noise}}\sigma_{\text{in}}^2 = \frac{1}{(1-|\alpha|^2)m}\sigma_{\text{in}}^2 \tag{4.14}$$

式中：G_{noise} 为分离矩阵 $\boldsymbol{M}^\dagger$ 对输入噪声的增益；$|\alpha|^2$ 为

$$|\alpha|^2 = \frac{\sin^2\left(\dfrac{m\pi}{2}(\sin\theta_1 - \sin\theta_2)\right)}{m^2 \sin^2\left(\dfrac{\pi}{2}(\sin\theta_1 - \sin\theta_2)\right)} \tag{4.15}$$

可以通过式（4.14）计算在不同 DOA 下的 G_{noise}（用 dB 表示）来评估分离出的信

号是否有足够的信噪比来完成信号的解码。例如，输入的信噪比为 SNR_{in}，在经过分离矩阵 $\boldsymbol{M}^\dagger$ 处理后，输出信噪比 SNR_{out} 变成了 $SNR_{in} - G_{noise}$，如果 SNR_{out} 大于检测信噪比，则分离成功；否则，分离失败。

同样假设：①接收天线为四阵元 ULA；②阵元间距为半个信号波长。不同角度差下的噪声增益的仿真结果如图 4.7 所示，第一个信号的 DOA 分别为 0°、45°、90°，第二个信号与第一个信号的 DOA 之差在 $-90°\sim90°$ 内变化。

从图 4.7 可知，在不同 DOA 以及不同 DOA 之差的情况下，噪声的增益是不同的，但一致的趋势是当两个信号的 DOA 接近时，噪声增益会变大。如果 G_{noise} 足够大，以至于输出信噪比小于检测信噪比，那么信号将不能被正确解码。也就是说，当两个信号的 DOA 足够靠近时，从噪声增益的角度看，是无法实现信号成功分离的。

例如，第一个信号的 DOA 为 0°，输入信噪比为 18dB，当第二个信号的 DOA 与第一个信号之差大于 3° 时，才能使得 $G_{noise} < 8$dB，从而使得输出信噪比大于 10dB，得到正确解码。

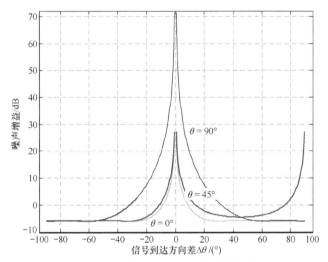

图 4.7 不同角度差下的噪声增益的仿真结果

$\theta = 45°$ 的曲线在 $\Delta\theta \in \{-90°, 90°\}$ 内不具有对称性，是因为 $\theta = 45°$ 相对于 ULA 不具有对称性，但若将 $\Delta\theta$ 区间扩展，可以发现其曲线具有周期性。

因此，可以看出，如果输入信噪比较高，那么它可以对具有更小角度差的交叠信号实现正确分离；而如果输入的信噪比较低，那么需要交叠信号的角度差更大，否则就会分离失败。

图 4.8 所示为不同信噪比下的失败率和平均误码数，可以看出不同的信噪比会影响分离的效果。两个应答信号具有相同的 SNR，在每个 SNR 下做 10000 次蒙特卡罗仿真。在仿真中，接收天线为四阵元 ULA，阵元间距为半个信号波长，且两个应答的 DOA 随机出现在 $0°\sim360°$ 上。两个 S 模式应答信号（64μs）交叠时长固定为 32μs。在分离后对两个应答信号的解码失败率和平均误码数分别进行统计，当报头检测失败以及低置信度比特数大于 10 个以上，认为该次应答解码失败。

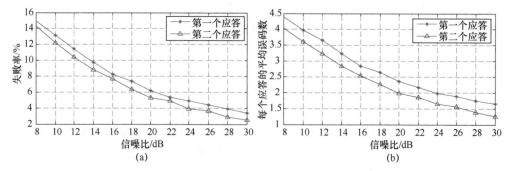

图 4.8 不同信噪比下的失败率和平均误码数

（a）不同信噪比下的失败率；（b）不同信噪比下的平均误码数。

从总体趋势上看，随着 SNR 的增加，对应答信号的解码失败率和平均误码数都随之下降。实际上，两个交叠信号的 SNR 在绝大多数情况下都不一样，图 4.9 所示为不同信噪比之差下的失败率和平均误码数，第二个应答信号的 SNR 为 10dB 和 20dB，第一个应答信号的 SNR 比第二个应答信号的 SNR 大 0~30dB。

交叠的程度也是应答信号能否得到正确分离的一个重要因素。图 4.10 所示为在不同交叠程度下两个应答信号的失败率和平均误码数，SNR 相同，且为 15dB，交叠时长为在 8~56 μs 内变化。随着交叠时长的增加，解码的失败率和平均误码数都随之上升。可以看出在信号交叠小于 30μs 时，虽然平均误码数随交叠程度的降低而下降，但分离失败率却变化不大，这是因为分离矩阵已经得到了较好的估计，分离的效果主要受制于信号的 DOA。

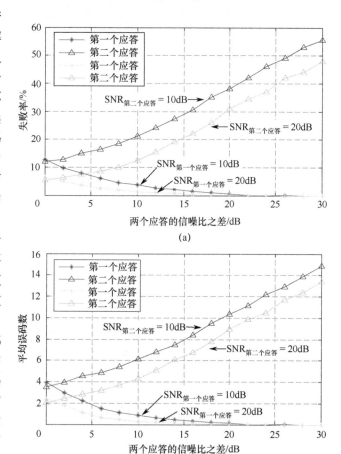

图 4.9 不同信噪比之差下的失败率和平均误码数

（a）不同信噪比之差下的失败率；（b）不同信噪比之差下的平均误码数。

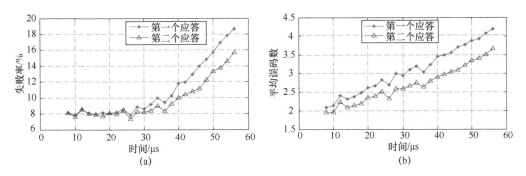

图 4.10　不同交叠程度下两个应答信号的失败率和平均误码数

（a）不同交叠程度下的失败率；（b）不同交叠程度下的平均误码数。

在不同载频差下的失败率和平均误码数如图 4.11 所示。仿真条件如下：

（1）两个应答的交叠时长固定，为 32μs；

（2）信噪比都是为 15dB；

（3）每种载频差下的仿真次数为 10000 次；

（4）两个应答的 DOA 随机。

可以看出，载频差对分离性能的影响很小，而第一个应答的解码失败率和平均误码数稍高于第二个应答是因为在固定交叠时长下，前一个应答的全部是数据位干扰，而后一个应答数据位受到干扰的长度较短（含 8μs 的报头）。

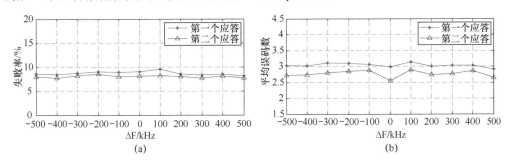

图 4.11　不同载频差下的失败率和平均误码数

（a）不同载频差下的失败率；（b）不同载频差下的平均误码数。

4.3　基于 MUSIC 算法的 ADS-B 信号分离技术

4.3.1　数据模型

二次雷达 A/C 模式应答信号为框架脉冲加数据脉冲格式。A 模式和 C 模式的报文格式一样，是通过和地面二次雷达询问机相协同来识别到底是哪一种。S 模式信号有一个四脉冲的报头，可以通过对报头的检测实现信号存在的检测、信号电平大小的评估以及信号到达时间的测量。另外，S 模式中带有全球唯一的 24bit 地址码，应用于多种系统。TCAS 系统利用 S 模式实现告警与防撞；ADS-B 系统利用 S 模式数据链广播飞机的位置、速度等信息实现对空监视；TIS 系统利用 S 模式数据链发送交通、天气等信息实现地对空的信息传输；MLAT 系统利用 S 模式信号实现定位监视。所以，实现对 A/C/S 模式交叠信号的分离，就是解决了上述系统中的交叠信号分离问题，同时分离算法不只适用于 SSR 应答信号，对类似的有限长度的信号也同样适用。

在国际民用航空公约附件 10 中规定：A/C 模式应答信号的长度为 21.7μs；S 模式应答信号为 64/120μs（短/长应答报文）；两种应答信号的脉冲宽度略有差别。载频 f_c 为 1090MHz，但 ICAO 允许其最多有±3MHz 的容差（现在减少为±1MHz），所以实际载频 f_e 与 f_c 略有差异。

考虑到 SSR 应答信号采用脉冲调制，假设 $b[n] \in \{0,1\}$ 表示调制信号，T_s 表示采样间隔，本节采样频率 $f_s = 1/T_s = 120 \mathrm{MHz}$，为直接射频欠采样，在不考虑信号强度的情况下，可在接收端将信号表示为

$$s[n] = b[n]\exp(j2n\pi f_e T_s + \Delta\phi) \qquad (4.16)$$

式中：$\Delta\phi$ 为信号初相。

下面考虑具有 m 个阵元的天线阵列收到 d 个独立信号的情况。第 i 个阵元的第 n 次采样为 $x_i[n], i \in \{1,2,\cdots,m\}$，那么该天线阵列的一次采样为 m 维列向量 $x[n]$，在 T 次采样后，量测矩阵 X 可表示为

$$X = MS + N \qquad (4.17)$$

式中：$X = [x[1], x[2], \cdots, x[T]]$ 为 $m \times T$ 维的量测矩阵；$S = [s[1], s[2], \cdots, s[T]]$ 为 $d \times T$ 维的信号矩阵；N 为 $m \times T$ 维噪声矩阵，在时间上和空间上都是白色的。M 为 $m \times d$ 维的混合矩阵，包含阵列天线的特征和信号的复增益。假设应答信号是独立的（因此也是不相关的），那么 $E\{s_i s_j^*\} = 0, i \neq j$，由于 $d \leq m$，所以矩阵 M 是列满秩的。

在不考虑多径条件下，M 可以表示为 $M = AG$，其中 A 为 $m \times d$ 维的阵列流型矩阵，G 为增益矩阵。假设天线阵列为线性阵列，D_k 为 k 个阵元与第一个阵元之间的距离，$f_{e,i}$ 为第 i 个信号的载频，A 的第 i 列为

$$a(i) = \begin{bmatrix} 1 \\ \exp(j2\pi D_2 \sin(\theta_i)\dfrac{f_{e,i}}{C}) \\ \vdots \\ \exp(j2\pi D_m \sin(\theta_i)\dfrac{f_{e,i}}{C}) \end{bmatrix} \qquad (4.18)$$

式中：θ_i 为第 i 个信号的来波方向，即与阵列天线视轴的夹角。若天线阵列为均匀线阵，阵元之间的间距 $D = \lambda/2$，且所有信号的载频均为 f_c，那么矩阵 A 为

$$A = \begin{bmatrix} 1 & \cdots & 1 \\ \exp(j\pi\sin\theta_1) & & \exp(j\pi\sin\theta_d) \\ \vdots & & \vdots \\ \exp(j\pi\sin\theta_1)^{m-1} & \cdots & \exp(j\pi\sin\theta_d)^{m-1} \end{bmatrix} \qquad (4.19)$$

增益矩阵 G 与各阵元的波瓣图有关，理想情况下，各阵元具有相同的波瓣图，且

在各方向上的增益具有一致性，那么可对 G 进行归一化，当作全 1 矩阵进行处理，那么 $M = A$。一般来说，$m > d$，故矩阵 M 是列满秩的，是左可逆的。

4.3.2 分离算法

由式（4.19）可知，矩阵 M 中各元素的值只与信号的个数及来波方向有关，我们知道 MUSIC 算法可以较好地估计出上述两参数，从而得到矩阵 M 的估计值 $\hat{M}$，在无噪声情况下，对量测矩阵 X 左乘 $\hat{M}$ 的 Moore-Penrose 广义逆 $\hat{M}^{\dagger}$，即可得到对信号的估计，即

$$\hat{S} = \hat{M}^{\dagger} X = (\hat{M}^{H}\hat{M})^{-1}\hat{M}^{H} X \tag{4.20}$$

那么第一步是要估计出交叠信号的个数。通用做法是利用量测矩阵的协方差矩阵特征值的分布来估计信号源个数，首先计算协方差矩阵，即

$$R_x = E\{XX^{H}\} = \frac{(XX^{H})}{T} \tag{4.21}$$

然后对 R_x 进行特征值分解

$$R_x = V_R D_R V_R^{-1} \tag{4.22}$$

式中：V_R 为 X 的特征向量矩阵；D_R 为 X 的特征值矩阵，$D_R = \mathrm{diag}\{\lambda_1, \lambda_2, \cdots, \lambda_m\}$；$\lambda_i$ 为 X 的第 i 个特征值；V_R 中的第 i 列为对应的特征向量，并有 $\lambda_1 \leqslant \lambda_2 \leqslant \cdots \leqslant \lambda_m$。另外，由式（4.17）可得

$$R_x = E\{XX^{H}\} = MR_s M + \sigma^2 I_d \tag{4.23}$$

式中：$R_s = E\{SS^{H}\}$ 为 $d \times d$ 维的信号协方差矩阵；σ^2 为 $m - d$ 维噪声子空间的特征值。在 D_R 中，大的特征值对应着不同的信号源，小的特征值对应着噪声，即 $\sigma^2 = \lambda_1 = \cdots = \lambda_{m-d}$（假设 $d < m$）。区分噪声和信号需要一个合适的门限，但实际上信号的强度、长度都不一样，很多时候需要依靠主观经验来判断。如何设定自适应门限以自动判断信源的个数是一个重要的议题。

本节采用 6 阵元 ULA（阵元间距 $\lambda / 2$），而超过 6 个 SSR 应答信号交叠在一起的概率极低。所以，一般来说，最小的特征值对应着噪声。由于 A/C 应答信号的长度较短，所以在相同的信噪比下其对应的特征值较小，通用标准中要求能够解码信噪比大于 10dB 的 A/C 应答信号。在时长 184μs（一个 S 模式长报文 120μs 和一个 S 模式短报文 64μs 之和）内，信噪比为 10dB 的 A/C 应答信号对应的特征值大于最小特征值 5dB 的概率超过 99.99%，故将判定为信号的特征值门限定为 $\lambda_{\text{threshold}} = 10^{0.5}\lambda_1$。大于门限的特征值所对应的特征向量张成 d 维的信号子空间 V_S，小于门限的特征值所对应的特征向量张成 $m - d$ 维的噪声子空间 V_N。噪声子空间和信号子空间正交，构造空间谱函数，即

$$P_{\text{MUSIC}}(\theta) = \left| \frac{1}{a^{H}(\theta)V_N V_N^{H} a(\theta)} \right| \tag{4.24}$$

$$a(\theta) = \left[1 \ \exp(\mathrm{j}\pi\sin\theta) \ \cdots \ \exp(\mathrm{j}\pi\sin\theta)^{m-1} \right]^{T}$$

通过对 $P_{\text{MUSIC}}(\theta)$ 作一维搜索，求出信号的来波方向 $(\theta_1, \theta_2, \cdots, \theta_d)$，从而得到 $\hat{M}$，由式（4.2）得到对信号的估计 $\hat{S}$。

当然对于信源数的估计还可以采用其他方法，如文献[12]中的信息论方法、平滑秩序列法、盖式圆方法、正则相关技术等；估计信号来波方向也可以采用最大似然及子空间拟合算法、旋转不变子空间算法等。

上述分离算法的优势在于既能实现对超过两个的交叠信号进行分离，同时也能够处理在时域上完全重叠的信号。下面就以一个交叠实例，对该分离算法进行描述。

图 4.12 所示为 SSR 应答信号四重交叠情况，对于一个四重交叠（两个 S 模式短报文、一个 S 模式长报文以及一个 A/C 模式应答）信号，两个 S 模式短报文的到达时间差为 4μs，A/C 模式应答信号完全被 S 模式长报文覆盖。

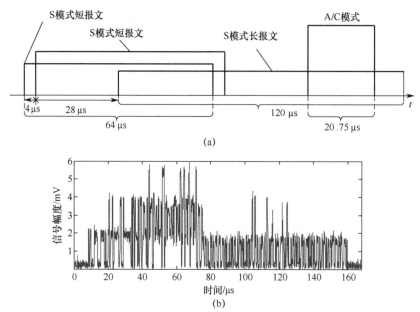

图 4.12　SSR 应答信号四重交叠情况

（a）信号交叠示意图；（b）4 个应答信号交叠。

常规检测解码方法无力应对以下几种场景。

（1）第一个 S 模式短报文的数据位被大量干扰，导致误码过多而无法通过校验。

（2）第二个 S 模式短报文的报头和数据块都被其他信号干扰，基本不能有效检测。

（3）S 模式长报文的报头被干扰，将导致检测失败。

（4）由于其他信号的存在将导致信号电平可能被错误估计，以致 A/C 模式信号检测失败。所以，在常规检测解码之前需要对交叠信号做有效的分离。

图 4.13 所示为特征值分布及信号的空间谱估计实例。λ_1 为最小的特征值，有 4 个特征值超过 $10^{0.5}\lambda_1$，表明在所处理数据时长内存在 4 个 SSR 信号，通过对 $P_{\text{MUSIC}}(\theta)$ 作一维谱峰搜索，即可得到 4 个信号的来波方向。

通过对交叠信号个数及来波方向的估计得到矩阵 $\hat{\boldsymbol{M}}$，然后通过式（4.20）实现对信号的分离。各信号的信噪比分别为 12dB、11dB、10dB 和 13dB，对图 4.12 所示的四重交叠信号开展分离，分离结果如图 4.14 所示，可以看出，4 个信号都得到了较好的分离，分离后通过常规解码器（带有纠错功能）均可正确解码。同时注意到第二个 S 模式短报文应答和 S 模式长报文交叠的部分分离后还有一点能量残留，这跟两个信号的来波方向密切相关，当两个信号的来向过于接近时，信号子空间具有很高的相关性，可能导致分离失败。

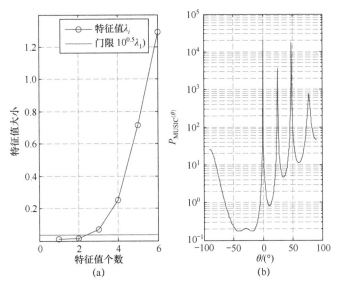

图 4.13　特征值分布及信号的空间谱估计实例

（a）4 个应答信号；（b）DOA=0°、25°、48°、76°。

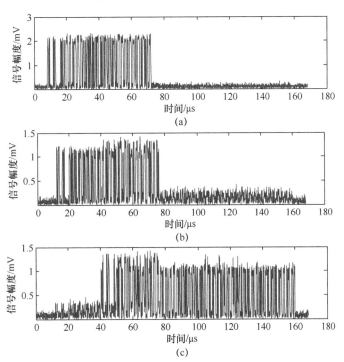

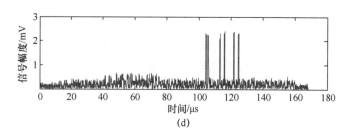

(d)

图 4.14   分离结果

（a）前一个 S 模式短报文应答；（b）后一个 S 模式短报文应答；（c）S 模式长报文；（d）A/C 模式应答。

信号能否正确分离受制于交叠信号的空间谱分布以及信号的信噪比等因素，下面将从多个方面对本章提出的分离算法进行性能分析。

多个交叠信号的分离本质上与两个交叠信号的分离是一样的。一般来说，在 S 模式应答信号上叠加一个 A/C 应答可以通过纠错算法实现对 S 模式应答的正确接收解码，而 A/C 应答信号之间的交叠可以通过检测交叠框架脉冲来进行分离和解码。通过分析不同算法对两个 S 模式交叠信号的分离效果可以准确地评估其性能。所以，为了全面地对本章提出的分离算法性能进行分析，下面皆考虑在 6 阵元 ULA 下的两个 S 模式短报文信号交叠的情况。

正确地检测出交叠信号的个数是有效分离的前提。阵列天线具有一定的空间分辨率，若两个信号的来波方向过于接近，使得两个信号无法区分，以至于无法正确检测出交叠信号个数，最终导致分离失败。另外，两个信号的信噪比也会影响量测矩阵的协方差矩阵的特征值分布，从而影响对信号个数的检测。为了全面地评估信号 DOA 以及 SNR 对交叠信号个数检测的影响，采用覆盖不同 DOA 和 SNR 的仿真数据来进行分析。

首先，对具有相同功率的两个信号在不同 DOA 下特征值的变化进行仿真。假设：

（1）信号 SNR=10dB；

（2）检测门限为 $10^{0.5}\lambda_{min}$；

（3）两信号完全交叠。

蒙特卡罗仿真次数为 10^4 次，得到一个信号的 DOA 固定，另一个信号的 DOA 变化时协方差矩阵 $\boldsymbol{R}_x$ 的特征值如图 4.15 所示。由于 ULA 具有对称性，故只画出了 –90°~90° 的曲线。由图 4.15（a）可知，当一个信号的 DOA 为 0°（均匀线阵的端射方向）时，其与另一个信号的 DOA 之差小于 2.5° 时，协方差矩阵 $\boldsymbol{R}_x$ 只有一个特征值大于门限，此时不能判别出存在两个信号。当一个信号的 DOA 为 45° 时，需要另一个信号的 DOA 与之相差 4° 以上才能判别出存在两个信号（图 4.15（b））。由图 4.15（c）可知，当一个信号 DOA 为 90° 时，需要另一个信号 DOA 与之相差 18° 以上才能判别出存在两个信号。对比图 4.15 中的 3 个子图可以看出，相同的角度差出现在不同的角度上，矩阵 $\boldsymbol{R}_x$ 的特征值分布也是不一样的。另外，从图 4.15 中还可以得知，若一个信号的 DOA 分别为 0°、45° 和 90°，另一个信号的 DOA 在方位上均匀分布，那么不能检测出两个信号的概率分别为 2.76%、4.42% 和 19.89%，所以对于信号个数的估计不仅与两个信号的 DOA 之差有关，还与两个信号的 DOA 有关。

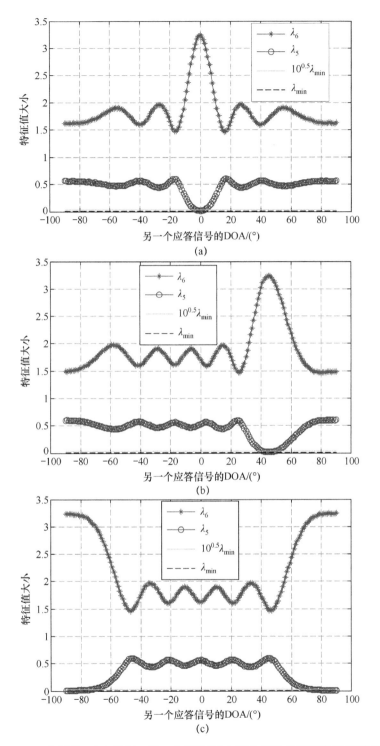

图 4.15 一个信号 DOA 固定、另一个信号 DOA 变化时协方差矩阵 $\boldsymbol{R}_x$ 的特征值

（a）信号 DOA=0°；（b）信号 DOA=45°；（c）信号 DOA=90°。

而对于不同 SNR（但两信号信噪比一样）条件下，不同 DOA 下的交叠信号个数的正确检测概率如表 4.2 所列，其仿真条件与图 4.15 相同。很显然，SNR 越高，越有利于信号个数的检测。两信号越靠近阵列天线视轴，正确检测的概率越高。

表 4.2 不同 DOA 下交叠信号个数的正确检测概率

DOA/SNR	4dB	8dB	12dB	16dB	20dB
0°	93.63%	95.84%	97.51%	98.61%	99.17%
15°	93.07%	95.84%	96.95%	97.78%	98.89%
30°	92.80%	95.29%	96.40%	97.23%	98.61%
45°	90.86%	93.91%	95.84%	96.40%	98.34%
60°	85.87%	91.97%	95.29%	95.29%	98.06%
75°	72.58%	78.95%	87.81%	93.91%	97.51%
90°	71.75%	77.84%	82.55%	86.70%	90.03%

下面分析测向误差对分离性能的影响。MUSIC 算法通过对 $P_{MUSIC}(\theta)$ 作一维谱峰搜索，可以得到信号的来波方向。测向误差跟信号的 SNR、数据长度、谱峰搜索步进以及阵列天线系统误差等因素有关。所以，在系统工作之前，应该对阵列天线的系统误差进行校准。在作谱峰搜索时减小搜索步进，以降低测向误差。

仿真条件：①两个 S 模式短报文交叠长度固定（32μs，为报文长度的一半）；②蒙特卡罗仿真次数：10^4 次，在每一次仿真中，两个 S 模式信号的 DOA 为 0°~360°上的随机值，报文中数据块的值也为随机值；③低置信度比特个数小于 10 个时判定为分离成功（小于 10 个的低置信度比特个数可以通过纠错实现正确解码，得到的不同测向误差下的分离失败率和平均误码数如图 4.16 所示。

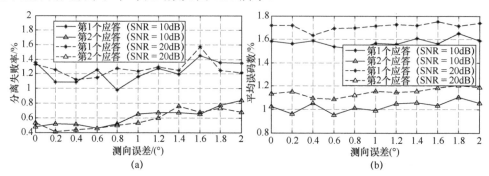

图 4.16 不同测向误差下的分离失败率和平均误码数
(a) 不同测向误差下的分离失败率；(b) 不同测向误差下的平均误码数。

可以看出分离失败率对测向误差不敏感，仅在测向误差大于 0.8°时，第二个应答信号的分离失败率略有上升。同时可以看出，在 SNR>10dB 时，SNR 对交叠信号的分离失败率影响较小。从两个应答的平均误码数来看，第一个应答信号的平均误码数要略高于第二个，这是因为在交叠 32μs 的情况下，第一个应答信号的数据块有 32 个比特位受到了干扰，而第二个应答信号的数据块只有 24 个比特位受到了干扰。

两个 S 模式应答信号完全交叠情况下不同测向误差时的分离失败率和平均误码数如图 4.17 所示。可以看出，当测向误差小于 0.8°时，交叠信号的分离失败率和平均误码数都变化不大。对比图 4.17 和图 4.16 可以看出，在两个 S 模式应答全交叠的情况下，第一个应答信号的分离失败率比交叠 32μs 时上升了 9.5%，第二个应答信号的分离失败率上升了 7.5%。所以，当测向精度达到一定程度后，SNR>10dB 以上，分离失败率和平均误码数对测向误差及 SNR 不敏感，影响分离失败率和平均误码数的主要因素是信号的交叠程度。总地来说，在最恶劣的情况下（信号完全交叠），本章的分离算法皆表现出良好的分离效果，综合考虑两个应答信号的分离失败率仅不到 10%。

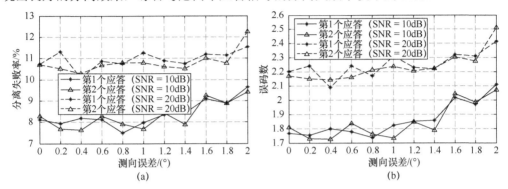

图 4.17　两个 S 模式应答信号完全交叠情况下不同测向误差时的分离失败率和平均误码数
（a）不同测向误差下的分离失败率；（b）不同测向误差下的平均误码数。

在本节采用的六阵元 ULA 条件下，对测向误差的要求为小于 0.8°，这样的要求并不苛刻，可以通过减小谱峰搜索步进和对阵列天线系统误差校准来降低测向误差。

目前实现 SSR 交叠信号分离的算法性能较好的主要有投影类算法（如 PA、EPA）和盲信源分离算法（ICA）。

PA 算法以及其扩展算法 EPA 要求两两信号之间不能完全交叠，利用某个信号在某段时间内独立存在以估计其分离参数实现信号的逐一分离。PA 算法主要解决两个 S 模式应答信号交叠的情况，要求每个信号至少有 4μs 以上单独存在的时间。EPA 算法可以分离 A/C/S 模式交叠信号，但要求待分离信号至少有 8μs 以上单独存在的时间，以便估计出更准确的分离参数，减少分离残留量对其他信号的影响。所以，对小于 4μs 单独存在时间的交叠信号，如 PA、EPA 等基于投影技术的分离算法基本失效。

基于 ICA 的盲信源分离有多种实现方法，如最大熵法、最小互信息法、自然梯度学习法以及快速定点算法（Fast Fixed Point Algorithm，FFPA）等。FFPA 基于高效定点迭代结构，相较于基于梯度算法其收敛速度是 3 次方的，收敛速度快 10 倍以上，所以本章用于对比的 ICA 算法是基于 FFPA 的。

基于 FFPA 的 ICA 算法认为交叠的各信号相互独立，且仅允许有一个呈高斯分布的信号源，在这样的条件下通过构造比照函数来测度信号的独立性，利用比照函数与信号独立（自相关为 1）之差来调整分离矩阵，在该差值小于收敛门限或超过最大迭代次数后得到各个信号的分离向量。

本章提出的基于 MUSIC 的分离算法可用 SABM（Separating Algorithm Based on MUSIC，SABM）表示。为了较好地评估 SABM 算法与 PA、ICA 算法的性能，进行不同交叠程度下的分离性能仿真。仿真条件如下：

（1）交叠信号为两个 S 模式短报文；

（2）SNR=10dB；

（3）在每一次仿真中，两个 S 模式信号的 DOA 为 0°~360° 上的随机值，报文中数据块的值也为随机值；

（4）阵列天线为 6 阵元 ULA；

（5）SABM 算法中将测向精度设定为 0.2°；

（6）ICA 收敛门限为 10^{-9}；

（7）分离矩阵列向量的迭代公式为

$$w(i) = E[v(w^{\mathrm{T}}(i-1)v)^3] - 3w(i-1) \qquad (4.25)$$

式中：v 为对采样数据 x 的白化。进行 10^4 次蒙特卡罗仿真后，3 种分离算法对交叠信号的分离失败率如图 4.18 所示。

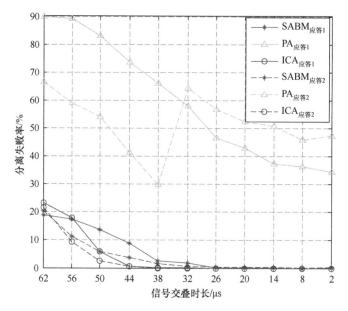

图 4.18　3 种分离算法对交叠信号的分离失败率

可以看出，SABM 算法的分离性能和 ICA 算法相当，均优于 PA 算法分离性能。观察分离失败率变化的整体趋势，显然地，随着交叠程度的下降，两个应答信号的分离失败率也随之下降，但 PA 算法中第二个应答信号的分离失败率出现了一个跃变，这是因为在交叠程度小于一半（32μs）后，报头检测成了决定分离结果的主要因素（第二个应答信号的报头始终受到第一个应答信号的干扰）。

3 种分离算法对交叠信号的平均误码数如图 4.19 所示，总体趋势与分离失败率一致。可以看出，在信号交叠时长大于 56μs 时，SABM 算法的性能略优于 ICA 算法，而当交叠时长小于 56μs 时，ICA 算法略优。

总体来说，本章提出的 SABM 算法与 ICA 算法分离交叠信号的性能相当，皆优于 PA 算法。SABM 算法在信号交叠程度较高时表现最优。值得注意的是，通过对 SABM

算法和 ICA 算法的计算量仿真表明，由于 ICA 算法迭代次数具有不确定性，SABM 算法的计算量不足 ICA 算法的 1/10，甚至更少，所以在工程应用时，本章提出的 SABM 分离算法具有更好的应用前景。

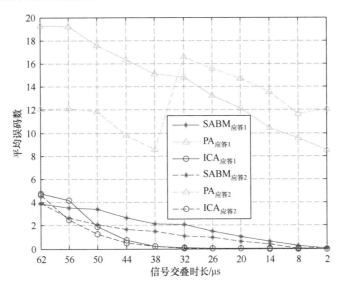

图 4.19　3 种分离算法对交叠信号的平均误码数

4.4　小　结

本章分析了 ADS-B 信号与其他各种 S 模式信号在不同密度信号环境下的交叠概率，得出了在中低信号密度条件下两个 S 模式信号交叠占总交叠数量的大多数。对专门用于对两个交叠信号分离的 PA 算法的分离性能进行了分析、推导及仿真验证。结果表明：①交叠信源数的检测主要取决于信号的 DOA，但对于 ULA 来说，相同的 DOA 之差在不同位置上的检测效果不一样；②信号的 DOA 也决定着对噪声的增益，并影响信号分离后的解码结果，总的趋势是信号 DOA 越接近，对噪声的增益越高，对低信噪比的信号解码影响越大；③信号交叠小于 30μs 时，交叠程度对分离的性能影响不大；④信号载频差对分析效果的影响较小。PA 分离算法能有效应对两个 S 模式交叠的情况，在六阵元及以上 ULA、UCA 情况下可以达到 80% 以上的检测成功率，在空中流量为中低密度情况下可以较好地提高 S 模式应答信号的接收能力。

针对现有算法皆无法同时解决信号完全交叠和交叠个数超过两个的问题，提出了一种通过估计目标 DOA 构建分离矩阵实现交叠信号分离的 SABM 算法。通过对 SABM 算法原理的分析、推导以及分离性能的仿真验证，结果表明：①SABM 算法对交叠信号的分离成功率大于 90%；②SABM 算法对交叠信号的分离性能与 ICA 算法相当，皆优于 PA 算法；③SABM 算法在信号交叠程度较高时表现最优；④SABM 算法的计算量不足 ICA 算法的 1/10 倍，更易于工程化。

参 考 文 献

[1] 王洪. 1030/1090MHz 频谱的共享与干扰问题综述[J]. 电讯技术, 2013, 53(1): 105-109.

[2] 孙清清, 王洪, 黄忠涛, 等. 1090MHz 信号同频干扰与窜扰概率探究[J]. 通信技术, 2013 (2): 8-11.

[3] Piracci E G, Galati G. Separation of multiple secondary surveillance radar sources in a real environment for the near-far case[C].IEEE 2007 Antennas and Propagation Society International Symposium, 2007: 3988-3991.

[4] Piracci E G, Galati G, Petrochilos N, et al. 1090 MHz channel capacity improvement in the air traffic control context[J]. International journal of Microwave and Wireless Technologies, 2009, 1(03): 193-199.

[5] Galati G, Bartolini S, Menè L. Analysis of SSR signals by super resolution algorithms[C].Signal Processing and Information Technology, 2004. Proceedings of the Fourth IEEE International Symposium on. IEEE, 2004: 166-170.

[6] Petrochilos N, Van A J. Algorithms to separate overlapping secondary surveillance radar replies[C]. Acoustics, Speech, and Signal Processing, 2004. Proceedings.(ICASSP'04). IEEE International Conference on. IEEE, 2004, 2: ii-49-52.

[7] Roy R, Kailath T. ESPRIT-estimation of signal parameters via rotational invariance techniques[J]. IEEE Transactions on Acoustics, Speech and Signal Processing, 1989, 37(7): 984-995.

[8] Petrochilos N, Galati G, Piracci E. Separation of SSR signals by array processing in multilateration systems[J]. IEEE Transactions on Aerospace and Electronic Systems, 2009, 45(3): 965-982.

[9] 张贤达. 现代信号处理 [M]. 2 版. 北京: 清华大学出版社, 2002: 126-128.

[10] 王洪, 刘昌忠, 汪学刚, 等. 强干扰背景下 S 模式解码方法[J]. 电子与信息学报, 2009, 31(12): 2876-2880.

[11] ICAO A. Aeronautical telecomm to the convention on international civil aviation [J]. Volume I, 1996: 52-60.

[12] 王永良, 陈辉, 彭应宁. 空间谱估计理论与算法[M]. 清华大学出版社, 2004.

[13] 王洪, 刘昌忠, 汪学刚, 等. 多点定位混叠信号的盲分离[J]. 电讯技术, 2009, 49(12): 1-4.

[14] 孙守宇. 盲信号处理基础及其应用[M]. 北京: 国防工业出版社, 2010: 50-95.

第 5 章　ADS-B 信号 TOA 测量及广域多站时间同步技术

由于 ADS-B 报文信息中缺少时间信息，所以在基于 ADS-B 信息的大多应用中，如基于 ADS-B 信息广域多站定位和雷达性能标校，都需要在本地测量信号的 TOA。在每一个接收站通过本地时钟对到达信号打上时间戳的方式，可以大大降低完全通过中央处理单元进行测时处理的难度和成本，但对本地进行信号 TOA 测量提出了很高的要求，因为对目标的定位精度很大程度依赖于对信号 TOA 的测量精度。而 ADS-B 应答信号可以归结为脉冲信号，测量脉冲信号的到达时间一般是对脉冲进行采样，通过在脉冲前沿判断信号电平是否超过检测门限来打上时间戳。

由文献[1]可知，ASD-B 应答信号的脉冲前沿长达 50~100ns，若采用固定门限在强弱信号同时存在的真实环境中肯定会存在较大的测时误差。针对强弱信号以及脉冲前沿的陡峭程度不一致的问题，5.1 节介绍了基于脉冲前沿和静/动态门限的 TOA 测量方法。通过动态门限的调整以及对采样点之间进行插值，可有效提高信号 TOA 测量精度。只利用脉冲前沿打时间戳的算法仅利用了信号的部分信息，5.2 节将介绍一种通过利用整个脉冲进行匹配滤波再微分插值的方法来提取信号 TOA。高精度的时间测量需要高精度的本地时钟，原子钟具有很高的精度和稳定性（铷原子钟每秒的误差仅为 10^{-11}s（1/100ns），铯原子钟的精度更高），但原子钟的价格昂贵，无疑会增加推广应用的难度。采用普通恒温或温补晶振可以大大降低成本，但其精度和稳定性又不满足高精度测时的要求。结合 GPS 秒脉冲的长稳特性和本地晶振的短稳特性来对时间戳进行校准的方法，并采用自研接收机对信号 TOA 的测时精度进行实测评估。

在广域多站定位系统中，最主要的且得到了广泛应用的是基于信号到达时间差的定位方式，但其需要精确的站间同步以保障整个系统稳定有效运行。若同步不好可能带来慢时变定位误差问题，甚至导致系统失效。因此，受基于已知位置的固定发射站用于站间同步的启发，5.4 节将介绍利用现有的已知位置辐射源 ADS-B 来进行时间同步的技术。

5.1　基于脉冲沿的 TOA 测量方法

5.1.1　基于脉冲沿和静态门限的 TOA 测量方法

通常情况下是通过在 FPGA 中利用某个频率的采样时钟对信号包络的前沿采样判断来提取时间戳。图 5.1 所示为对信号进行量化打时间戳的方法，如果想要提高时间戳的精度就需要提高采样时钟的频率，但是由于信号脉冲前沿并非一个突变的过程，其上升沿的时间跨度为 50～100ns，使得通过提升采样时钟频率所能得到的时间戳精度为采样时钟的周期（50MHz采样时钟对应 20ns）。这种方式最极端的情况就是图 5.1 中的 t_1 和 t_2，两者在理论上最多相差 20ns。由于脉冲上升沿与采样时钟的不同步，将导致信号 TOA 测量误差在 $\pm T_s / 2$ 内服从均匀分布，其中 T_s 为采样间隔。

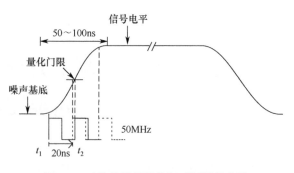

图 5.1　对信号进行量化打时间戳的方法

信号 TOA 的估计精度将低于

$$\sigma_{\text{TOA}} = \left(\frac{T_s^2}{12}\right)^{1/2} \tag{5.1}$$

若采样时钟为 50MHz，那么信号 TOA 估计的均方根误差最小只能达到 5.77ns。在上面的描述中，是通过一个门限将上升沿进行归一化处理，在这个基础上再来判断脉冲沿的位置以获取时间戳。这样的处理方式就丧失了幅度及其变化情况等更为细微的特征。改进的方法是利用这些幅度上的细微信息，在直接采样变频滤波的方法下，对于 S 模式信号利用原有的报头检测方法进行相应的检测并获取信号到达的大概时间。图 5.2 所示为提取脉冲前沿时间的方法，在 0μs、1μs、3.5μs、4.5μs 附近检测比噪声电平大 4dB 的点，输出这 4 个点的时间信息（t_1、t_2、t_3、t_4）及其电平对数值。

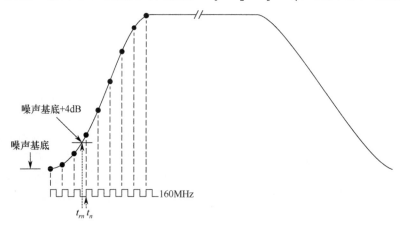

图 5.2　提取脉冲前沿时间的方法

首先对这 4 个时间信息进行修正，将其统一到大于噪声电平 4dB（实际值根据程序中乘的倍率来定）的点上。例如，噪声基底是 14，在 0μs 处大于 18 的第一个点的值是 18.2，这时需要计算出信号对数值正好为 18 时的理论时间。国际民航组织规定 S 模式应答信号脉冲前沿的斜率为 48dB/μs。故信号对数值为 18 的时间为 $t_1 - 0.2 / 48 \times 1000$ ns，依此方法对其他 3 个时间进行修正。在实际情况下，可利用脉冲前沿上的两个点的时间差和对数值进行计算，将其作为真正的斜率进行使用。

将这 4 个时间统一到 0μs 处，即 1μs、3.5μs、4.5μs 处的时间分别减去 1μs、3.5μs、4.5μs，考虑到干扰的情况，如果存在两个及以上的时间点相差小于 50ns，将这几个时间点做平均，得到的时间值作为信号的到达时间，并打上高置信度的标志；如果任意两个时间值之差都大于 50ns，则直接将这 4 个时间的均值作为信号的到达时间，此时打上低置信度的标志。

考虑到每个接收机的噪声基底不一样（接收前端噪声不一样，AD 芯片的噪声位不一样），会造成打上时间戳的对数值不一样。例如，一个接收机的噪声基底是 14，另一个的噪声基底是 15，这就使打上时间戳的对数值为 18 和 19，这会使得在理想情况下，两个接收机打上的时间戳会有一个固定偏差。所以，在生产时需要保留一套作为样本，将其他接收机都与其相比较，修正掉这个固定时差，统一到这个样本上来。

5.1.2 基于脉冲沿和动态门限的 TOA 测量方法

在 5.1.1 节中，门限是以参考噪声基底而设定的。不同接收机由于器件以及加工的差异在指标上不可能做到完全一样，接收链路的增益以及 A/D 芯片的噪声位都有差别。目标距离接收机的远近不一样以及由信号多径造成的衰落程度不同导致接收到的信号幅度不一样。这些原因将导致采用以噪声基底为参考设置的门限在信号的脉冲前沿是变动的，最终导致测时误差的增大。图 5.3 所示为静态门限带来的测时误差，同一个信号经空间传播后在不同接收机处的信号

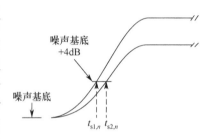

图 5.3 静态门限带来的测时误差

幅度不一样，采用静态门限在接收机打上的时间戳为 $t_{s1,n}$、$t_{s2,n}$，很明显这两个时间位于脉冲沿的不同位置，并由此引入了测时误差。

为了解决静态门限会产生打上时间戳的位置不一样的问题，文献[1]提出了基于脉冲上升沿及动态门限的测量信号 TOA 的方法。该方法的思想是以脉冲顶部的电平 A_{top} 作为参考，以该电平的一个固定比例（如 1/2）作为门限，那么对于不同大小的信号，门限 $A_{top}/2$ 就是一个随着脉冲强度而变化的动态门限，以保证对于不同强度的脉冲所设定的门限位置是基本固定的。图 5.4 所示为动态门限测时方法。

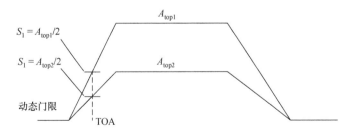

图 5.4 动态门限测时方法

该方法的基础是在信号经 A/D 采样后数字下变频到零中频，再经过滤波抽取形成

I/Q 数据，而后对 I/Q 数据求模并取对数。对脉冲顶部的电平求平均后得到 A_{top}，其对应的对数值为 $A_{\text{top\_lg}}$，那么动态门限 $S = A_{\text{top}} / 2$ 在取对数后可表示为 $A_{\text{top\_lg}} - 3\text{dB}$。假设门限 S 对应的时刻为 t，t 落在连续的两个采样时刻 t_1、t_2 之间，t_1、t_2 对应的采样幅度为 A_1、A_2，且 $A_1 < S < A_2$。认为脉冲前沿是线性的，那么有

$$\frac{S - A_1}{t - t_1} = \frac{A_2 - A_1}{t_2 - t_1} \tag{5.2}$$

由式（5.2）可以得到对脉冲信号到达时间的估计，即

$$t = t_1 + \left(S - A_1\right)\frac{t_2 - t_1}{A_2 - A_1} \tag{5.3}$$

由于一个脉冲容易受到干扰而导致测时不准确，所以在估计信号 TOA 时根据测量的多个脉冲的过门限时间求平均，以有效地抗干扰，提升测时的稳健性。

5.1.3　基于脉冲沿的测时方法性能评估

为了验证上述测时方法的性能，利用自研的 SSR 信号源以及接收机在实验室环境，构建了图 5.5 所示的双站测时试验系统。

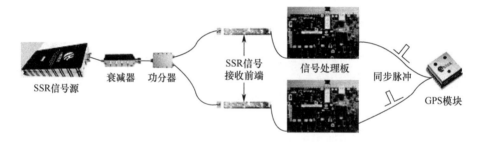

图 5.5　双站测时试验系统

信号源可以发射 A/C/S 模式应答信号以及 ADS-B 信号，本测时系统中发射的是 S 模式信号。信号经衰减器、功分器后分别接入以接收前端和信号处理板组成的接收机。为了排除其他因素的干扰，本测时系统中两路信号所用的电缆皆是等长，且两个接收机被同一个 GPS 模块的秒脉冲同步。

用信号源模拟出距离为 100km 处目标的信号强度，信号强度的计算方法如下。假设机载应答机的功率为 P_t，发射天线增益为 0dB（发射采用全向天线，天线增益不考虑），则到达接收天线时的功率为 $P_t / \left(4\pi R^2\right)$，设接收天线的等效面积为 A，则天线接收到的能量为

$$P_r = \frac{P_t}{4\pi R^2} A \tag{5.4}$$

接收天线增益 G_r 与其等效接收面积 A 的关系为

$$G_r = \frac{4\pi A}{\lambda^2} \tag{5.5}$$

将式（5.5）代入式（5.4），在不考虑大气衰减的情况下可得

$$P_r = \frac{P_t \lambda^2 G_r}{(4\pi)^2 R^2} \qquad (5.6)$$

假设接收天线增益为 0dB，而 S 模式应答机的信号功率一般为 54dBm，那么信号经过 100km 衰减后，到达接收机端口的信号强度为

$$\begin{aligned}
& 10\lg P_t + 10\lg \lambda^2 + 10\lg G_r - 20\lg 4\pi - 20\lg R \\
& = 54\text{dBm} - 11.2\text{dBm} + 0\text{dBm} - 22\text{dBm} - 100\text{dBm} \qquad (5.7) \\
& = -79.2\text{dBm}
\end{aligned}$$

考虑到功分器一分为二，有 3dB 的衰减，所以调节衰减器使得进入接收前的信号功率为-79dBm。

采用 5.1.1 节的方法，得到静态门限法测得的 TOA 之差如图 5.6 所示。两个接收机对信号 TOA 测量之差的频数直方图与正态拟合结果如图 5.7 所示，左边的坐标轴是两个信号 TOA 之差落在某个区间内的个数，右边的坐标轴是该数量占总数的比值。

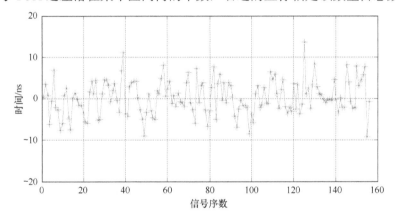

图 5.6　静态门限法测得的 TOA 之差

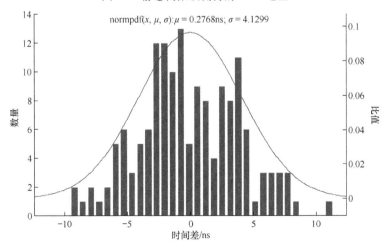

图 5.7　两个接收机对信号 TOA 测量之差的频数直方图与正态拟合结果

采用 5.1.2 节的方法，得到动态门限法测得的 TOA 之差如图 5.8 所示，两个接收机对信号 TOA 测量之差的频数直方图与正态拟合结果如图 5.9 所示。可以看出，基于动态门限的方法比基于静态门限的方法对相同信号的测时精度以及测时偏差都有所提升。

（1）测时偏差的均值 μ 从 0.2768ns 降到 0.1043ns。

（2）测时均方差 σ 从 4.1299 降为 3.8623。

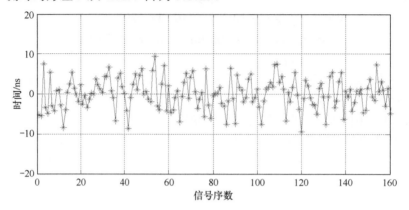

图 5.8　动态门限法测得的 TOA 之差

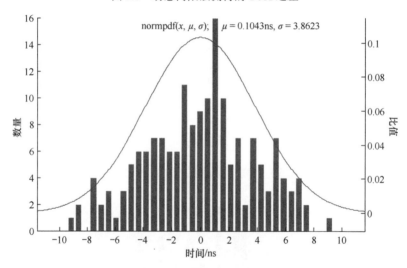

图 5.9　两个接收机对信号 TOA 测量之差的频数直方图与正态拟合结果

5.2　基于脉冲匹配滤波的信号 TOA 测量方法

利用脉冲上升沿估计信号 TOA 的方法仅利用了脉冲信号的部分信息（特征），更多的信息有利于测时精度的提高，文献[3-4]提出了对脉冲信号作差分匹配滤波后进行过零插值的方法。当匹配滤波器与信号脉冲重叠时，匹配滤波器的输出达到最大，滤波之后的差分是将峰值点转换为过零点，利用过零点的前后两个采样点做过零插值，以提高测时精度。

在构建整个测时链路之前，需要确定匹配滤波器的系数。设 $g(t)$ 是 ICAO 建议的脉冲信号，T_s 为采样间隔，A 为载频信号的电压振幅值，T_0 为脉冲的开始时间，另假设仅存在热噪声（零均值的高斯白噪声），那么脉冲的信噪比函数可表示为

$$R(t) = \frac{1}{2}A^2 g^2(t - T_0) \tag{5.8}$$

那么第 i 个采样点的信噪比为 $R_i = A^2 g^2(T_i - T_0)/2$。图 5.10 所示为脉冲信号的滤波差分处理结果，图 5.10（a）为标准脉冲，其采样点就是匹配滤波器的系数。由此可得滤波器系数为 $(R_1, R_2, \cdots, R_N)$，假设位于滤波器内的信号脉冲的采样值为 $(A_1, A_2, \cdots, A_N)$，则匹配滤波器的输出为

$$A_{\text{filter}} = \sum_{i=1}^{N} R_i A_i \tag{5.9}$$

脉冲信号经过匹配滤波器输出如图 5.10（b）所示，若匹配滤波器和信号脉冲都是标准的矩形，那么滤波后的结果为三角波形，差分结果如图 5.10（c）所示。对匹配滤波器输出的差分是其后一个值减去前一个值，即 $A_{\text{diff}} = A_{\text{filter}}(n) - A_{\text{filter}}(n-1)$。在完成差分后，可找到穿越零点的两个值，即 A_u 和 A_d，其对应的时间为 T_u 和 T_d。采用线性插值的方式估计脉冲信号到达时间 T_p 为

$$T_p = T_u + \frac{A_u}{A_u - A_d}(T_d - T_u) \tag{5.10}$$

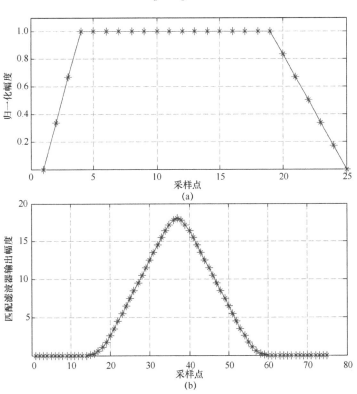

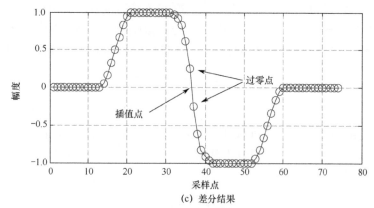

图 5.10　脉冲信号的滤波差分处理结果
(a) 标准脉冲；(b) 匹配滤波器输出；(c) 差分结果。

在独立测量信号 TOA 的系统中，每个接收站的时钟精度和稳定性至关重要，原子钟在精度和稳定性上都可以达到很高的指标，但其价格昂贵，很多系统无法承受。普通恒温晶振或温补晶振的指标又无法达到要求，为了兼顾成本和精度，本章提出了一种利用 GPS 秒脉冲的长稳特性和晶振的短稳特性（在短时间内的频率是稳定的）来校正信号 TOA 以达到较高精度的方法。

在本章的试验系统中采用恒温晶振作为接收机的时钟，其精度可以达到 0.5×10^{-6}，即每振动 10^7 次可能会存在 5 次的误差。对于本章中常用的 50MHz 晶振，在 1s 可能偏差 25 个时钟周期（500ns），如果信号在 1s 快结束的时候到来，那么晶振的误差就会大部分转加到测时误差上，这对基于时差定位的多站定位系统来说是不可接受的。

下面阐述利用秒脉冲对时钟进行校准的方法。假设秒脉冲是准确的 1s 产生一次，那么在理想情况下 50MHz 的时钟在 1s 内应产生 5×10^7 个时钟周期，但实际情况是每秒钟产生的时钟周期数 N_T 与标准个数 N_S 相差若干个 ΔN_T，它们的关系为

$$N_S = N_T + \Delta N_T \tag{5.11}$$

若 $N_T < N_S$，明显地 ΔN_T 为正，说明该时钟的实际周期比标准周期要大，在信号到达时计数器中的计数偏少，所以信号到达时间的修正为

$$\begin{cases} T_{uj} = T_u \dfrac{N_S}{N_S - \Delta N_T} \\[2mm] T_{dj} = T_d \dfrac{N_S}{N_S - \Delta N_T} \\[2mm] T_{pj} = T_{uj} + \dfrac{A_u}{A_u - A_d}(T_{dj} - T_{uj}) \end{cases} \tag{5.12}$$

反之，$N_T > N_S$，ΔN_T 即为负值，代入式（5.11）进行时间校正。式（5.12）中以 ΔN_T 代入计算是因为通常在工程实现中输出的是 1s 内的实际计数与标准计数的差值。另外，由于晶振具有短稳特性，即 $N_i = N_{i+1}$，所以对当前秒内的信号 TOA 校正是利用上一秒的统计信息。

对真实信号进行匹配滤波和差分的结果如图 5.11 所示，采用图 5.5 中的实验室环境下的双站测时系统，在输入信号强度为−79dBm 的情况下评估该测时方法的性能。S模式视频信号采样结果如图 5.12 所示，可以明显看到 S 模式信号报头，同时也可以看出其信号不是一个标准的矩形，而是具有一定时长的上升沿和下降沿。

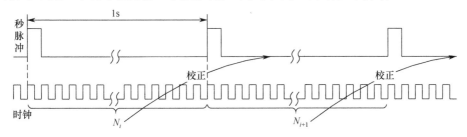

图 5.11　对真实信号进行匹配滤波和差分的结果

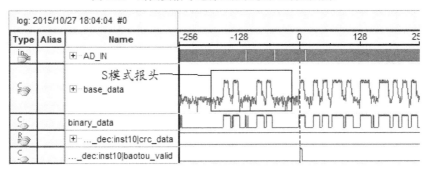

图 5.12　S 模式视频信号采样结果

对真实信号进行匹配滤波和差分处理后的波形如图 5.13 所示，采样信号通过匹配滤波器后形成近似三角波形，其最高点在差分后变成了过零点。从真实的采样数据中可以看出，在无信号以及噪声的作用下，过零点是频繁出现的，所以在选取过零点的时候需要在报头检测时限定一个范围，在该范围内检测过零点，并将过零点的两个采样点的幅度和时刻都输出，以便后续的线性插值估计出更精确的信号到达时间。

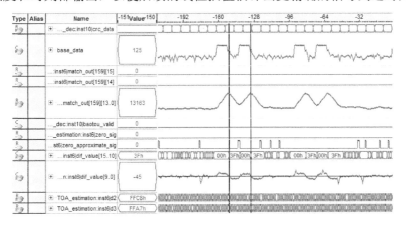

图 5.13　对真实信号进行匹配滤波和差分处理后的波形

差分匹配滤波后插值得到的 TOA 测量结果如图 5.14 所示，图 5.14（a）所示为采用差分匹配滤波后插值得到的两个接收机对相同应答信号的 TOA 之差，图 5.14（b）所示为两个接收机对信号 TOA 测量之差的频数直方图与正态拟合结果。可以看出，差分匹配滤波后插值的方法比在脉冲上升沿提取信号 TOA 的方法对相同信号的测时精度以及测时偏差都有所提升：①测时之差的均值 μ 为 0.0802ns；②测时均方差 σ 为 1.6584。

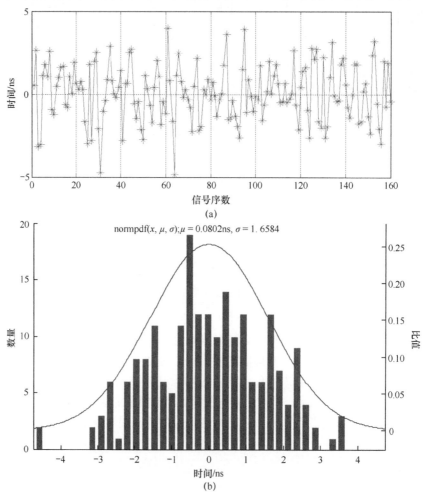

图 5.14 差分匹配滤波后插值得到的 TOA 测量结果

（a）两个接收机对相同应答信号的 TOA 之差；（b）两个接收机对信号 TOA 测量之差的频数直方图与正态拟合结果。

5.3 高精度 TOA 测量的硬件实现与性能分析

5.3.1 TOA 提取的 FPGA 实现

FPGA 在时序逻辑控制方面相对于其他类型的芯片具有优势，同时在数据处理方面的能力越来越强大，中端的 FPGA 单个芯片即可满足大多数工程对时序控制和数据处理两方面的要求，使得系统更加简洁和稳定。对于本项目的实现，有多种方案可以满足，如单片机方案和 FPGA 方案。对于多任务并发系统，多进程的 FPGA 相对于单进程的单片机具有优势，所以 ADS-B 信号的解码及 TOA 提取的实现还是使用在 ADS-B 信号生成中所用的 FPGA 芯片。

为了检验在受到多种因素影响的实际系统中所能获得的时间精度，设计开发的 ADS-B 信号双通道接收系统结构如图 5.15 所示，报头检测、数据解码及提取高精度的 TOA 都由 FPGA 开发板完成，数据的处理和分析交由上位机完成。

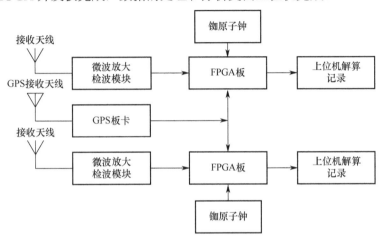

图 5.15　ADS-B 信号双通道接收系统结构

GPS 天线接收卫星信号经 GPS 板卡处理后输出同步秒脉冲到 FPGA 板清零计数器进行时间同步；两个接收天线接收民航飞机下行数据，经放大检波等前端处理后，FPGA 板在视频端对信号进行采样，在完成报头判定后检测第一个数据位的曼彻斯特跳变沿以读取计数器里的值；将时间信息和解码信息通过串口发送给上位机解算并记录。

高稳铷原子钟输入 FPGA 内部经 DCM 时钟管理器组合出 100MHz 高速时钟用于时间同步、计数以及读取信号 TOA。FPGA 实现 TOA 提取流程如图 5.16 所示，时间同步进程中，在 100MHz 的频率下对秒脉冲信号采样，用两级移位寄存器存储当前值和前一个采样值，利用这两个采样值判断秒脉冲的前沿（下降沿），以清零计数器，否则不停计数；在检测进程中，一旦判定出 ADS-B 信号的报头，立即进入曼彻斯特变化沿的提取程序，在 1μs 内同样用 100MHz 时钟对信号采样，存入两级移位寄存器做异或处理，若出现真值则读取计数器里的数值；将时间信息和解码信息加上信息分段标识后存入 FIFO，用串口将其发送给上位机进行解算、记录和分析。

按照总体方案设计完成的 S 模式应答信号解码及 TOA 提取的实物如图 5.17 所示。除天线外，主要的功能模块都安装在一块木板上，各个功能模块在图中皆已标明。对上面的 4 个主要端口做一点说明：①端口 1 通过微波电缆连接接收天线；②端口 2 连接 GPS 接收天线；③端口 3、4 通过串口线连接上位机，通过端口 3 将解码及时间信息传输给上位机解码软件，通过端口 4 控制 GPS 板卡和铷原子时钟。

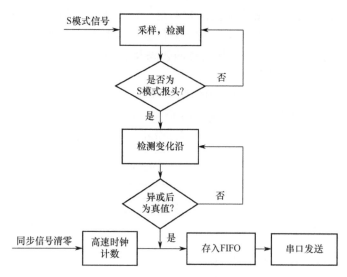

图 5.16 FPGA 实现 TOA 提取流程

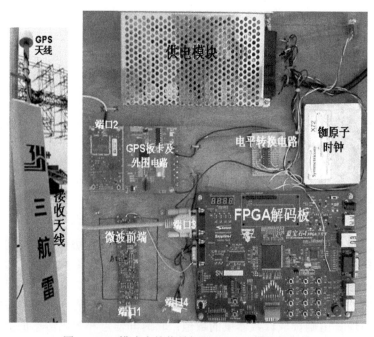

图 5.17 S 模式应答信号解码及 TOA 提取的实物

5.3.2 TOA 提取结果及精度分析

从两个通道所共有的航班批号中选出 S 模式号为 424992 的两个通道的数据进行分析。由于天线放置的地点、高度、方向和传输线长度等因素略有不同,两个通道接收解码的信息有一定差异:①两通道解码的个数有多有少;②两通道解出的相同位置点偏少。在一段时间内,双通道解码统计结果如表 5.1 所列。通道 1 正确解出编号为 424992

的飞机的位置数据点为 374 个，通道 2 正确解算出的位置数据点为 520 个，两通道中包含相同位置数据点的个数为 184 个。

表 5.1　双通道解码统计结果

通道	时间长度/ms	位置点个数	相同点个数
通道 1	14:56:703	374	184
通道 2	14:56:781	520	

分别从两个通道提取这 184 个相同位置点的时间信息进行分析。试验使用两个架设位置接近的天线（10m 以内）接收同一架民航客机下发的信息进行双通道检测，并获取信号的 TOA，因此从理论上讲这两个通道获取对同一条信息的时间应该相当接近。

表 5.2 所列为两个通道对编号为 424992 飞机所共有的 184 个位置点的时间信息统计情况。从表 5.2 可以看出，76.63% 的相同位置点的时间差在 50ns 以下，而 98.90% 的位置点的时间差在 130ns 以内。从时间同步和提取的机制上，只要视频端信号的变化沿足够陡峭，那么理论上所有点的时间差都应该在 20ns 以内。时间的同步是判断同一个秒脉冲的下降沿，而这个下降沿的判断是在用 100MHz 的时钟进行采样的基础上做出的，即在这可能引入 10ns 的误差。同样，时间的提取也是通过 100MHz 时钟采样来判断上升沿或下降沿来进行的。这里也会存在 10ns 的误差，故在同一个地点理论上的时间差应该在 20ns 以内。实际情况是，架设的两个天线相距将近 10m 加上传输线长度不一致将造成两个通道的时延不一致，引入的时间差在 30ns 左右。因为所采用的是高稳的原子钟，稳定度为 10^{-11}，所以在不考虑时钟不稳定影响因素的情况下，50ns 以内的时间差是可以接受的。按照 ICAO 规定，S 模式前沿为 50~100ns，脉冲的下降沿甚至达到 200ns。即是说，不理想的脉冲沿会带来较大的时间误差。时间差在 200ns 内都属于正常范围。在表 5.2 中有两个点的时间差大于 200ns，虽然比例不高，但确实存在。这两个时间差分别是 537810ns 和 656500ns。这样大的时间差是如何形成的呢？经过对原始数据的分析发现，这是由于受到空域中其他信号的干扰而导致在报头检测后的第一个变化沿没有被检测到，以至于时间信息没有得到更新而使用上一条报文的时间信息。一条报文的时间长度为 120000ns，这两个时间差都大于 120000ns，进一步证明了前面分析的正确性。

表 5.2　两个通道对编号为 424992 飞机所共有的 184 个位置点的时间信息统计情况

两个通道相差时间/ns	相同位置点个数	所占百分比/%	累计百分比/%
0	16	8.70	8.70
10	26	14.13	22.83
20	32	17.39	40.22
30	22	11.96	52.17
40	24	13.04	65.22
50	21	11.41	76.63
60~90	34	18.48	95.11
100~130	7	3.80	98.90
>200	2	1.10	100

试验数据表明，接收解码受到干扰而导致获取错误信号到达时间（TOA）的概率在一个较小的百分比，除此之外都在一个正常的范围之内，且小于 50ns 的较理想情况占了较大比例。经上述分析可知，通过将两个天线放置在同一位置，使用同样的传输线可以使时间差小于 20ns 的位置点的个数占到一个较大比例（70%），可以作为本设备所能达到的 TOA 测量精度。经查，尚未找到关于 TOA 获取精度的文献，但在已经面世的某型多点定位接收设备的技术指标中看到其 TOA 获取精度为 20ns，这与本项目所采用的方法所能获取的精度级别一致。而因为受到干扰而产生的错误时间差可以通过处理软件设置门限来加以剔除。经过改进后，可用于异地接收空中其他信号来进行多点时差定位。

5.4 基于 ADS-B 信号的广域多站同步技术及精度分析

在广域多站定位系统中，最主要且得到广泛应用的是基于信号到达时间差的定位方式，多站站间同步的方式主要有以下两种。

（1）通过增加一个或多个已知位置的固定发射站用于站间同步，但增加发射站不仅带来了成本和系统复杂度的上升，同时在军事应用上失去了无源定位的隐蔽性特点。

（2）基于 GPS 共视来实现同步，这种方式的同步精度在几十纳秒，使得定位精度大大受限，且基于 GPS 系统的同步方法受制于别国，在非常时期的可用性将不能保证。

受基于已知位置的固定发射站用于站间同步的启发，考虑利用现有的已知位置辐射源 ADS-B 来进行同步。而目前的空域中，民航航线十分密集，每天都有数以万计的飞机在飞行。除了大洋上空外，很难找到一片方圆 100km 的区域内没有飞机的情况。所有的飞机都往外辐射电磁信号，大多数（以后会更多）的商用飞机都安装有 ADS-B 系统，以 1090ES 数据链主动播报自身的位置、速度等信息。因此，安装有 ADS-B 系统的飞机可以作为已知位置的移动发射站用于对广域多站间的时间同步，但需要对同步精度进行考察，并通过一定方法进行提升。若安装有 ADS-B 的飞机用于站间的精确时间同步，将大大有利于广域多站定位系统的应用：①降低了成本和系统复杂性；②增强了军事应用的隐蔽性；③比基于已知位置的地面固定发射站具有更好的信号传播路径，不容易受到山体、建筑等物体的遮挡。另外，这也可应用于基于高空驻留平台（如气球、飞艇）作为接收站的广域多站定位系统以及车载式的移动广域多站定位系统。

5.4.1 时间同步技术分析

通过接收 ADS-B 信号，可以得到飞机（辐射源）所处的位置（安装有 ADS-B 系统的飞机以一定周期（一般为 2Hz）向外广播自身的位置、速度等信息）。由于信号传播的时间很短，飞机移动的距离仅为厘米量级，故可将其当作静止系统进行分析。首先描述利用 ADS-B 进行站间同步的原理。图 5.18 所示为辐射源与接收站的时空关系，假设飞机在 T 时刻发射了一条 ADS-B 位置报文，此时飞机的位置为 $P(x, y, z)$，各接收站接收到该条报文的时间为 $t_{si}(i = 0, 1, \cdots, N_s)$，接收站的位置为 $S_i(x_i, y_i, z_i)(i = 0, 1, \cdots, N_s)$。

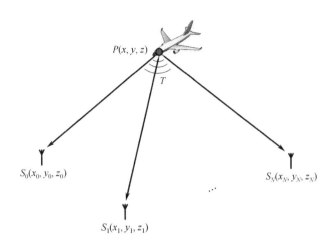

图 5.18 辐射源与接收站的时空关系

从 ADS-B 报文中获取的飞机位置信息为 WGS-84 坐标系表示的 $P(B,L,H)$，将其转换为大地直角坐标系下的 $P(x,y,z)$，有

$$\begin{bmatrix} x \\ y \\ z \end{bmatrix} = \begin{bmatrix} (R+H)\cos B\cos L \\ (R+H)\cos B\sin L \\ [R(1-e^2)+H]\sin B \end{bmatrix} \tag{5.13}$$

$$R = \frac{a}{\sqrt{1-e^2\sin^2 B}} \tag{5.14}$$

式中：R 为卯酉圈半径；$e=0.0818191908426622$ 为椭球第一偏心率；a 为参考椭球的长半轴（6378137m）。

根据图 5.18 所示的辐射源与接收站的时空关系可得

$$\begin{cases} t_{si} = T + r_i/Vc + \Delta T_i \\ r_i^2 = (x-x_i)^2 + (y-y_i)^2 + (z-z_i)^2 \end{cases} \quad i=0,1,\cdots,N_s \tag{5.15}$$

式中：ΔT_i 为第 i 个接收站的时钟与 UTC 时间之差；c 为光速。

对于基于 TDOA 的多站定位系统来说只需要将系统时间同步到同一个基准即可，并不一定要同步到 UTC 时间，所以本章选择同步到中心站 S_0。各站与中心站的时间基准之差为

$$\Delta T_i - \Delta T_0 = t_{si} - t_{s0} + \frac{r_0 - r_i}{c} \quad i=1,2,\cdots,N_s \tag{5.16}$$

等号右边的都是已知量，所以在计算时差时修正掉各站与中心站的时间基准差即可完成站间的时间同步。

接下来分析 ADS-B 位置存在误差情况下的同步精度，即时间差测量所能达到的精度，有

$$\Delta t_i = t_{si} - t_{s0} = \frac{r_i - r_0}{c} + (\Delta T_i - \Delta T_0) \quad i=1,2,\cdots,N_s \tag{5.17}$$

假设飞机的 ADS-B 位置误差为 dx、dy、dz，各站站址误差及其误差分量 dx_i、dy_i、dz_i 之间互不相关，根据误差传递原理，对式（5.17）左右两边求微分

$$
\begin{aligned}
\mathrm{d}(\Delta t_i) &= \frac{1}{c}((c_{ix} - c_{0x})\mathrm{d}x + (c_{iy} - c_{0y})\mathrm{d}y + (c_{iz} - c_{0z})\mathrm{d}z + \\
&\quad (c_{0x} - c_{ix})\mathrm{d}x_i + (c_{0y} - c_{iy})\mathrm{d}y_i + (c_{0z} - c_{iz})\mathrm{d}z_i) \\
&= \frac{1}{c}((c_{ix} - c_{0x})\mathrm{d}x + (c_{iy} - c_{0y})\mathrm{d}y + (c_{iz} - c_{0z})\mathrm{d}z + k_0 - k_i) \quad i = 1,2,\cdots,N_s
\end{aligned}
\tag{5.18}
$$

式中：$c_{ix} = \dfrac{x - x_i}{r_i}$；$c_{iy} = \dfrac{y - y_i}{r_i}$；$c_{iz} = \dfrac{z - z_i}{r_i}$；$k_i = \dfrac{c_{ix}}{c}\mathrm{d}x_i + \dfrac{c_{iy}}{c}\mathrm{d}y_i + \dfrac{c_{iz}}{c}\mathrm{d}z_i$；$i = 0,1,\cdots,N_s$。

将式（5.18）写成矩阵形式，即

$$
\mathrm{d}\Delta \boldsymbol{T} = \boldsymbol{C}\mathrm{d}\boldsymbol{X} + \mathrm{d}\boldsymbol{X}_s \tag{5.19}
$$

假设多站定位系统有 4 个接收站，那么

$$
\begin{aligned}
&\mathrm{d}\Delta \boldsymbol{T} = [\mathrm{d}\Delta t_1, \mathrm{d}\Delta t_2, \mathrm{d}\Delta t_3]^{\mathrm{T}} \\
&\mathrm{d}\boldsymbol{X} = [\mathrm{d}x, \mathrm{d}y, \mathrm{d}z]^{\mathrm{T}} \\
&\mathrm{d}\boldsymbol{X}_s = [k_0 - k_1, k_0 - k_2, k_0 - k_3]^{\mathrm{T}} \\
&\boldsymbol{C} = \frac{1}{c}\begin{bmatrix} c_{1x} - c_{0x} & c_{1y} - c_{0y} & c_{1z} - c_{0z} \\ c_{2x} - c_{0x} & c_{2y} - c_{0y} & c_{2z} - c_{0z} \\ c_{3x} - c_{0x} & c_{3y} - c_{0y} & c_{3z} - c_{0z} \end{bmatrix}
\end{aligned}
\tag{5.20}
$$

由于 ADS-B 的位置误差和站址测量误差是不相关的，且站址测量误差各元素之间以及各站测量误差之间也是互不相关的，所以站间同步的协方差为

$$
\boldsymbol{P}_{\mathrm{d}\Delta T} = E[\mathrm{d}\Delta \boldsymbol{T}\mathrm{d}\Delta \boldsymbol{T}^{\mathrm{T}}] = \boldsymbol{C}E[\mathrm{d}\boldsymbol{X}\mathrm{d}\boldsymbol{X}^{\mathrm{T}}]\boldsymbol{C}^{\mathrm{T}} + E[\mathrm{d}\boldsymbol{X}_s\mathrm{d}\boldsymbol{X}_s^{\mathrm{T}}] \tag{5.21}
$$

式中：$E[\mathrm{d}\boldsymbol{X}\mathrm{d}\boldsymbol{X}^{\mathrm{T}}] = \begin{bmatrix} \sigma_x^2 & \sigma_y^2 & \sigma_z^2 \end{bmatrix}^{\mathrm{T}}\boldsymbol{I}_3$，那么

$$
\boldsymbol{C}E[\mathrm{d}\boldsymbol{X}\mathrm{d}\boldsymbol{X}^{\mathrm{T}}]\boldsymbol{C}^{\mathrm{T}} = \left[\zeta_{i,j}\right]_{3\times3} \tag{5.22}
$$

式中：$\zeta_{i,j} = c_{i1}c_{j1}\sigma_x^2 + c_{i2}c_{j2}\sigma_y^2 + c_{i3}c_{j3}\sigma_z^2$。

假设站址测量误差各分量的标准差是相同的，则有

$$
\sigma_{xi}^2 = \sigma_{yi}^2 = \sigma_{zi}^2 = \sigma_s^2 \quad i = 0,1,2,3 \tag{5.23}
$$

由式（5.18）可知 $c_{ix}^2 + c_{iy}^2 + c_{iz}^2 = 1$ （$i = 0,1,2,3$），所以有

$$
E[\mathrm{d}\boldsymbol{X}_s\mathrm{d}\boldsymbol{X}_s^{\mathrm{T}}] = \sigma_s^2\boldsymbol{I}_3 + \sigma_s^2\boldsymbol{Q}_{3\times3} \tag{5.24}
$$

各站与中心站支架的同步误差的方差为 $\boldsymbol{P}_{\mathrm{d}\Delta T}(i,i)$，分别为

$$
\begin{cases} \sigma_{\mathrm{T}1}^2 = \zeta_{11} + 2\dfrac{\sigma_s^2}{c^2} \\[2mm] \sigma_{\mathrm{T}2}^2 = \zeta_{22} + 2\dfrac{\sigma_s^2}{c^2} \\[2mm] \sigma_{\mathrm{T}3}^2 = \zeta_{33} + 2\dfrac{\sigma_s^2}{c^2} \end{cases} \tag{5.25}
$$

5.4.2 时间同步精度仿真分析

ADS-B 位置报文包含了该条报文的位置误差信息，采用导航完整性等级（Navigation Integrity Category，NIC）表示水平位置的完好性和精度，NIC 由水平保护限制（Horizontal Protection Limit，HPL）和水平品质因数（Horizontal Figure of Merit，HFOM）一起决定，位置导航完整性等级如表 5.3 所列，表中 R_C 为水平保护半径；EPU 为估计位置不确定度（Estimation Position Uncertainty），对应于 95%情况下所能达到的水平位置精度；LAAS 是全球导航系统的局域增强系统；WAAS 是广域增强系统；SA 是可降低 GPS 定位精度的选择可用性技术；RNP-0.1 是指精密导航设备的精度为 0.1n mile。对于 NIC 小于 6 的数据，由于其位置误差较大，本章不予以讨论，故未列出。

表 5.3　位置导航完整性等级

NIC	HPL/m	HFOM（95%）/m	注释
11	R_C <7.5	EPU<3	如 LAAS
10	R_C <25	EPU<10	如 WAAS
9	R_C <75	EPU<30	如 GPS（SA off）
8	R_C <185.2	EPU<92.6	如 GPS（SA on）
7	R_C <370.4	EPU<185.2	RNP-0.1
6	R_C <1111.2	EPU<555.6	RNP-0.3
⋮	⋮	⋮	⋮

为了得到在实际环境中 ADS-B 位置误差等级的分布情况，项目组在绍兴架设了 ADS-B 接收站以覆盖繁忙的长三角地区进行数据统计。总共采集了近 20 万批次数据，按照 NIC 值对数据进行统计，ADS-B 数据完好性及精度分布情况如图 5.19 所示。

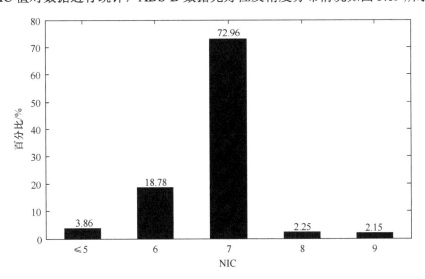

图 5.19　ADS-B 数据完好性及精度分布情况

从统计结果来看，目前大多数飞机的 ADS-B 数据完好性及精度等级为7，即在水平方向上，飞机的真实位置和机载导航设备估计的位置之差有95%的概率小于185.2m。假设 ADS-B 水平位置误差服从零均值高斯分布，那么落在 $\pm1.96\sigma$ 内的概率正好为95%，所以有

$$1.96\sqrt{\sigma_x^2 + \sigma_y^2} = 185.2 \tag{5.26}$$

另设

$$\sigma_x^2 = \sigma_y^2 = \sigma_z^2 = \sigma_p^2 \tag{5.27}$$

可得 NIC=7 的飞机的各个方向上的标准差为 66.8m。下面将分析利用 NIC=7 的 ADS-B 位置信号在飞机处于不同位置时的站间同步精度。

建立仿真条件：①星形布站，站间距15km，主站和各辅站的位置具体为（单位 km）（0,0,0）、（−12.99,7.5,0）、（12.99,7.5,0）、（0，−15，−0.3）；②ADS-B 位置误差 $\sigma_p = 66.8\text{m}$；③站址测量误差（以美军军用 GPS 为参考）为 0.5m；④飞机高度为 9km（航线高度）。

星形布站条件下各接收站与中心站的时间同步精度分布如图 5.20 所示，最小值为 2.37ns，最大值为 369.3ns。为了简洁起见，在此不列出在其他布站形式下的同步精度分布图，仅给出共同的结论：

（1）在两站连线的方向上的同步精度较高；

（2）距离越远同步精度越高；

（3）飞机在顶空时的同步精度最低；

（4）飞机在不同位置对同步精度影响较大。

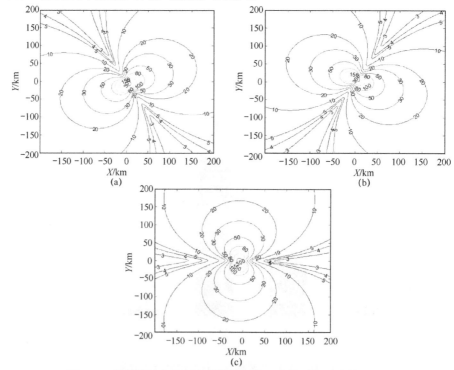

图 5.20　星形布站条件下各接收站与中心站的时间同步精度分布

（a）站1与中心站同步精度分布；（b）站2与中心站同步精度分布；（c）站3与中心站同步精度分布。

为了说明站间距对同步精度的影响，仿真了站间距分别为 15km 和 30km 时，星形布站条件下站 1 和中心站的同步精度分布情况如图 5.21 所示。从图 5.21 中可以看出，站间距越大同步精度越差，但最小值略有增加，即为 2.40ns，但最大值变成了 422.3ns。

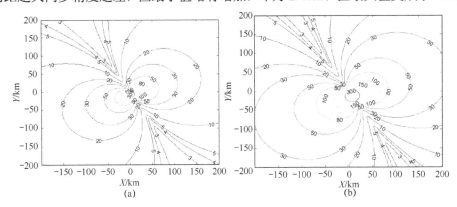

图 5.21　星形布站条件下站 1 和中心站的同步精度分布情况
(a) $d=15$km；(b) $d=30$km。

总体来看，直接利用 ADS-B 位置信号进行站间同步的精度有限，且不同位置的信号进行同步的结果差别较大，所以在同步精度要求较高的场合需要提升该方法的同步精度，在要求较低的场合需要根据同步精度分布图选择精度较高处的数据进行同步。

在上面的分析中皆是假设 ADS-B 位置误差为高斯分布，根据中心极限定理可以通过多次同步求平均的方法提高同步精度，同步精度取决于求平均的次数。那么是否可以通过增加同步次数来无限提高同步精度还需要对 ADS-B 误差的类型进行准确分析。

5.4.3　基于 ADS-B 的高精度多站时间同步技术

由于 ADS-B 位置报文中含有定位误差、数据链误差及系统延时误差，直接利用 ADS-B 数据进行多站间的时间同步不能满足高精度同步的要求。ADS-B 系统延时误差一般较为固定但难以测量，其对时间同步的影响比定位误差更大，所以高精度多站同步方法必须要能够有效消除系统延时误差带来的影响。本节将研究如何估计出这些误差并予以消除，在三维空间同步模型的基础上实现对广域多站间的高精度时间同步，并对同步精度进行深入分析。

对于一段用于同步的航迹数据，如果 ADS-B 系统延时误差对两站之间的时间同步影响为正（影响程度未知），那么当同一架飞机（系统延时误差不变）逆向飞过该航段时，系统延时误差对同步的影响将为等量的负值，同时运用这两段航迹数据对两个站进行同步便可有效消除系统延时误差带来的影响。双站同步机理如图 5.22 所示，具体的同步方法如下：

（1）假设待同步站与中心站共同接收到某架飞机第 n 个位置报文，飞机报文的位置为 P_n，飞机的当前位置为 P'_n，两者之间的距离为 $\Delta L = \tau V_n$。

（2）以飞机播报位置为顶点，以航线和到站 1（中心站）的连线为两边，其夹角为 θ_{n1}，同样可得 θ_{n2}、θ'_{n1}、θ'_{n2} 的定义。

（3）飞机播报位置、飞机当前位置与站1、站2的距离分别为 r_{n1}、r'_{n1}、r_{n2}、r'_{n2}。

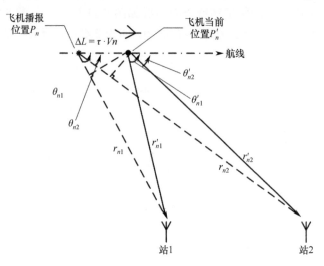

图 5.22 双站同步机理

在式（5.16）中，r_i 应采用飞机的当前位置到两个站之间的距离 r'_{ni}，但飞机的当前位置因定位误差、系统延时误差等而无法精确获知，故参与运算的 r_{ni} 为播报位置与各站位置的斜距。由于 ΔL 为百米量级，而飞机距离接收站一般为 10km 量级以上，所以可以认为 $\theta_{n1} = \theta'_{n1}$、$\theta_{n2} = \theta'_{n2}$，那么有

$$\begin{cases} r'_{n1} = r_{n1} - \Delta L \cdot \cos\theta_{n1} \\ r'_{n2} = r_{n2} - \Delta L \cdot \cos\theta_{n2} \end{cases} \tag{5.28}$$

将式（5.28）代入到式（5.17）可得

$$\Delta T_{1,2}(n) = t_{n1} - t_{n2} + \frac{r_{n2} - r_{n1} + \Delta L \cdot (\cos\theta_{n1} - \cos\theta_{n2})}{c} \tag{5.29}$$

在式（5.29）中，仅 ΔL 是未知的。考虑到当此架飞机在此航线逆向飞行过此位置（近似即可）时，式（5.28）中的减号将变为加号。通过接收飞机一来一回飞过此位置时播报的两条 ADS-B 报文，可得到两个时间基准差的值，对其求平均得到 $\Delta\overline{T}_{1,2}(n)$，即可消除 ΔL 带来的影响，也即消除了用于系统延时带来的同步误差影响。

对于有定位误差及数据链误差，由于其服从正态分布，可以通过对某个批次的数据做上述处理得到数组 $\left[\Delta\overline{T}_{1,2}(1), \Delta\overline{T}_{1,2}(2), \cdots, \Delta\overline{T}_{1,2}(N)\right]$，对其求均值，有

$$\Delta\Delta T_{1,2} = \frac{\left(\displaystyle\sum_{n=1}^{N} \Delta\overline{T}_{1,2}(n)\right)}{N} \tag{5.30}$$

来降低。当所有接收站皆可对某一架飞机形成共视时，可同时将各辅站同步到中心站。若只有部分站实现共视，那么待同步辅站可按上述方法逐一与主站同步，最终完成多站时间同步。

5.4.4 时间同步性能分析

为了全面分析在不同的 ADS-B 航迹数据下，多站同步的精度，在这里采用 16 条仿真航迹，但 ADS-B 航迹数据的定位误差和系统延时误差参数均来自实测数据，仿真条件为：①星形布站 4 站坐标 S_1（0，0.2，0）、S_2（0，15，0）、S_3（−12.99，−7.5，0）、S_4（12.99，−7.5，0），单位 km；②航迹高度 8.8km，飞机对地速度 250m/s；③ADS-B 水平定位误差分布模型为正态分布，其均值（单位 m）和标准差为（0，277.8）(NIC=6)、（0，92.6）(NIC=7)、（0，46.3）(NIC=8)、（0，15）(NIC=9)，高度误差 7.62m（均匀分布），系统延时误差为 0.4s；④各站测时精度为 5ns。

星形布站条件下的航迹分布如图 5.23 所示，16 条仿真航迹以站 1 为中心站，有 8 条径向飞行的航迹（考虑到过顶飞行存在接收盲区）和 8 条切向飞行的航迹。为了保证航迹数据有较高的质量，以及多站可以对航迹形成共视，所有航迹都位于以站 1 为中心、半径为 80km 的区域内。

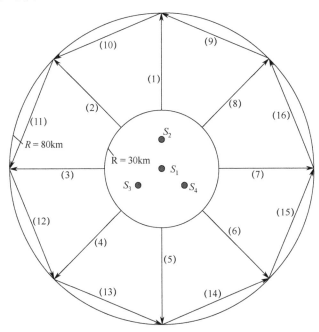

图 5.23 星形布站条件下的航迹分布

以 NIC=7 的 ADS-B 航迹数据（实测比例超过 70%）为例，在 1000 次蒙特卡罗仿真条件下，NIC=7 时基于 ADS-B 的多站同步精度如图 5.24 所示。

直接利用 ADS-B 数据进行多站同步的误差远高于 5.4.3 节中所述的基于 ADS-B 的高精度同步方法的误差，且不同航迹数据的同步效果也存在较大差异（有的超过 60ns 的同步误差）。在直接同步情况下，总地来说径向航迹的同步效果要好于切向航迹，但对于高精度同步方法来说两者区别不大。下面仅在高精度同步方法下进行分析。

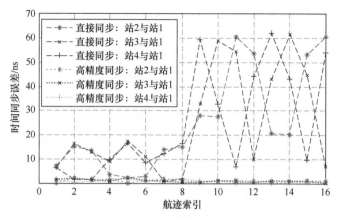

图 5.24　NIC=7 时基于 ADS-B 的多站同步精度

图 5.25 所示为不同精度等级航迹数据的多站同步精度。可以看出，精度等级越高的航迹数据对多站的同步精度越好。对 NIC=8 和 NIC=9 的航迹数据来说，时间同步误差在 1ns 以内，较文献[3]中 5ns 以内的高精度测时误差要低很多，基本可以忽略。对于最为普遍的 NIC=7 的航迹数据来说，同步误差也小于 2ns。

进一步仿真分析菱形布站条件下不同精度等级航迹数据的多站同步精度。假设：①飞机一个往返的航迹间距为 3km，高度差 600m；②菱形布站 4 站坐标 S_1（0，−7.5，0.2）、S_2（12.99，0，0）、S_3（0，7.5，0）、S_4（−12.99，0，0），平行四边形布站 4 站坐标 S_1（−5.3，−5.3，0.2）、S_2（15.9，−5.3，0）、S_3（5.3，5.3，0）、S_4（−15.9，5.3，0），倒三角形布站 4 站坐标 S_1（0，0，0.2）、S_2（−15，0，0）、S_3（0，−15，0）、S_4（15，0，0），单位为 km。

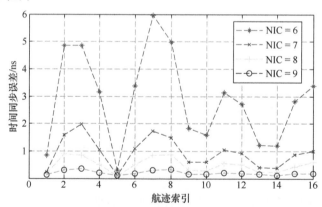

图 5.25　不同精度等级航迹数据的多站同步精度

考虑到 ADS-B 一般采用双天线（机头上方和机尾下方）交替发射的方式，通过仿真发现该机制对高精度同步方法来说几乎没有影响。但在实际情况下还应考虑到另一个重要的因素，那就是飞机在同一航线上飞去和飞回，其航迹并不完全重合，而是可能存在几千米左右的水平间距和百米量级的高度差。所以，将此因素考虑在内，得到不同布站下的多站时间同步精度如图 5.26 所示。

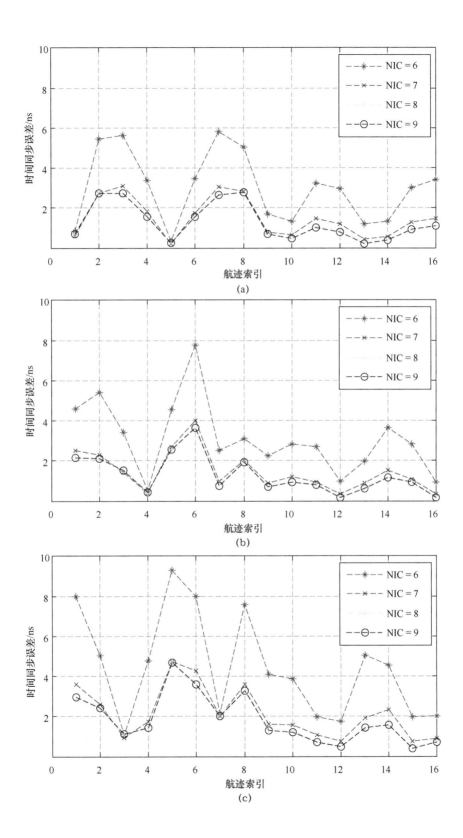

(a)

(b)

(c)

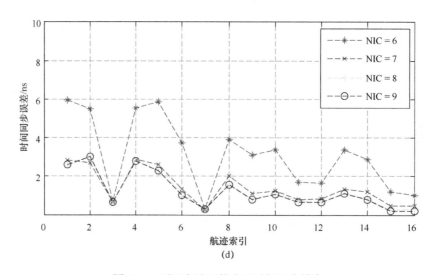

(d)

图 5.26　不同布站下的多站时间同步精度

（a）星形布站；（b）菱形布站；（c）平行四边形布站；（d）倒三角形布站。

结果表明，由于飞机一来一回的航迹并不十分重合，将会引入同步误差。这种航迹不重合度对部分航迹影响稍大，但对某些航迹几乎没有影响，如 5 号航迹对于星形布站、4 号航迹对于菱形布站、3 号航迹对于平行四边形布站、7 号航迹对于倒三角形布站。所以，在对不同布站形式进行多站时间同步时，需要先对可用航迹进行优选，以达到最佳的同步效果。

星形布站 NIC=7 条件下不同航迹间隔下的多站时间同步精度如图 5.27 所示，总体来说航迹间隔大的同步误差较大，由于航迹间隔带来的误差一般不超过 2ns，但对部分航迹（航迹在两个站的连线上，如 1、5 号航迹）几乎没有影响。

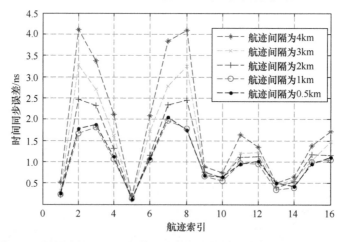

图 5.27　星形布站 NIC=7 条件下不同航迹间隔下的多站时间同步精度

图 5.28 所示为星形布站 NIC=7 条件下不同高度差时的多站时间同步精度，可以看出来回航迹的不同高度差对多站时间同步（站 2 与站 1）的影响，高度差对同步误差没

有多大影响，这是由于飞机距离接收站一般都在几十千米的量级以上，高度维上的误差在飞机与接收站的斜距上的投影非常小，对电磁波的传送延时的贡献非常小，所以除了距离接收站较近的航线数据外，基本可以忽略其影响。

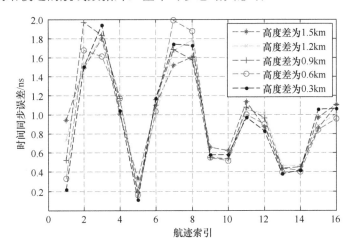

图 5.28　星形布站 NIC=7 条件下不同高度差时的多站时间同步精度

5.5　小　结

高精度的信号到达时间差测量技术是基于 TDOA 的分布式多站定位系统的关键技术之一，而对于脉冲调制的 ADS-B 信号来说，通常的方法是在脉冲的上升沿采样，并判断是否过门限以估计信号 TOA。

本章介绍了以噪声基底为参考的静态门限的测时方法，该方法利用穿越门限的两个采样点做线性插值，突破了测时精度受制于采样周期的限制，但静态门限在各接收站收到的信号强度差别较大时会产生测时位置偏移的问题；然后针对静态门限在应对信号强度不一致导致测时位置产生偏移的不足，将门限设定改进为根据信号强度而动态变化，提高了测时位置的一致性，并改善了测时精度。为了充分利用脉冲的信息（包括上升沿、下降沿以及脉冲顶部等特征），改进了匹配滤波器，并在自研的接收机中进行了实现，同时针对普通恒温晶振的精度不足提出了一种信号 TOA 校正方法，大大消除了由于时钟误差而引入的测时误差，试验结果表明，利用差分匹配滤波的测时方法的精度优于基于脉冲上升沿的测时精度，且易于在工程应用中实现。

最后研究了利用空中飞机发送的 ADS-B 信号来对广域多站进行时间同步的方法，提出了一种可以有效降低 ADS-B 位置误差对同步精度影响的算法。根据实测 ADS-B 位置误差构建仿真条件，仿真了在不同航迹下的 ADS-B 信号对多站时间同步的精度，结果表明：①该方法对广域多站系统的站间时间同步精度可达亚纳秒级，远优于直接利用 ADS-B 数据进行同步的效果；②在选择 ADS-B 数据时应以其精度等级 NIC 作为重要参考，尽量选择精度等级较高的数据；③同一条航迹数据对不同的布站形式、不同站间的同步效果不一样，在有条件时应选择合适的航迹以达到更高的同步精度，同一条航迹并非对所有站间同步都能达到最优，可以选择分批同步的方法；④一来一回的航迹间距（水平）对同步精度有影响，在航迹选择时应考虑选择航迹重合度较高的数据进行同步。可以看出，通过 ADS-B 信号进行广域多站同步可以达到很高的精度（亚纳秒级）。这为广域多站定位系统的进一步发展提供了支撑，且该方法具有广泛的适用性并易于工程化，具有重要的价值。

参 考 文 献

[1] 王洪, 刘昌忠, 汪学刚, 等. S 模式前导脉冲检测方法[J]. 电子科技大学学报, 2010, 39(4): 486-489.

[2] Miguel V G, Portas J B, Herrero J G. Correction of propagation errors in Wide Area Multilateration systems[C]. IEEE Radar Conference, EuRAD 2009 European, 2009: 81-84.

[3] Galati G, Leonardi M, Marco P D, et al. New time of arrival estimation method for multilateration target location[C].Joint Int. Symp. Sensors and Systems for Airport Surveillance–JISSA, 2005: 20-21.

[4] Galati G, Leonardi M, Tosti M. Multilateration (local and wide area) as a distributed sensor system: lower bounds of accuracy[C]. IEEE Radar Conference 2008 EuRAD, 2008: 196-199.

[5] Chao S J, Chang Z L, Wang X G. GPS synchronized wide area multilateration system[C]. IEEE ICCCAS 2009 International Conference on Communications, Circuits and Systems, 2009: 457-459.

[6] 白松浩, 吕善伟. 一种将自动相关监视目标转换为伪雷达目标的信息转换方法[J]. 电子学报, 2005, 33(3): 504-506.

[7] Besada J, Garcia J, De Miguel G, et al. ADS bias cancellation based on data fusion with radar measurements[C].Information Fusion 2000 Proceedings of the Third International Conference on. IEEE, 2000, 2: WEC5/23-WEC5/30.

[8] 张涛, 唐小明, 张婕. 多点定位系统高精度 TOA 提取方法[J]. 电讯技术, 2011, 51(11): 58-62.

第6章 ADS-B 数据性能分析

空域中民航飞机广播的 ADS-B 信息，具有数量多、精度高、接收便捷的特点。如果能够将 ADS-B 数据应用于雷达误差标定，那么传统雷达误差标定中的困难都将得到有效解决，而且还能够大大节省雷达误差标定和性能测试的成本与周期，但是在对雷达进行标校的过程中，需要获取目标的经度、纬度和高度信息。ADS-B 系统如果作为雷达精度的测量设备，其接收的 ADS-B 数据必须满足高稳定性和高精度要求，这些信息的精度高低直接关系到雷达标校的质量。

因此，本章将给出 ADS-B 数据的性能分析，包括数据的精度、准确性、稳定性，以及 ADS-B 数据的实时性等内容，目的是对 ADS-B 能否用于多型雷达误差与性能测试做出客观的分析，为雷达误差标定与性能测试的新方法进行验证。

ADS-B 数据性能分析和实时性验证的总体思路为：首先按照国际民航组织对 ADS-B 技术的规定和要求，理清 ADS-B 数据的精度指标；其次利用实测 ADS-B 数据和高精度飞参数据作比对分析，包括数据的精度、准确性和稳定性等，对 ADS-B 数据用于雷达误差标定的结果进行分析；最后对关系到误差标定精度的关键环节进行分析研究。

6.1 ADS-B 数据精度分析

在分析 ADS-B 数据与飞参数据性能之前，先从理论上对 ADS-B 数据的精度及准确性和稳定性进行分析，之后再对实测数据进行分析，为 ADS-B 数据与飞参数据性能比对分析做深入的研究。

ADS-B 是由国际民航组织提出的用于空中交通管制的新技术，该技术满足《1090MHz 扩展电文 ADS-B 和 TIS-B 最低运行性能标准（DO-260B）》标准。

6.1.1 ADS-B 位置精度分析与验证

ICAO 对 ADS-B 数据的精度性能提出了要求，在 Version 0 消息体制中采用导航不确定性等级（Navigation Uncertainty Category，NUC）来表示 ADS-B 下传数据的精度等级。NUC 数值的含义见表 6.1，NUC=7 时，目标位置数据与目标真实位置的偏差在 10～92.6m 的概率不低于 95%；NUC=8 时，目标位置数据与目标真实位置的偏差在 3～10m 的概率不低于 95%；NUC=9 时，目标位置数据与目标真实位置的偏差在 3m 内的概率不低于 95%。精度等级示意图如图 6.1 所示。

为了验证民航飞机下发的 ADS-B 的位置精度，我们携带一高精度 GPS 至一架播报 ADS-B 信息的民航飞机上，同时记录下 GPS 和 ADS-B 的数据。以自带设备记录的 GPS 信息（该值可认为是真值）来验证 ADS-B 的位置和时间信息，然后进行比对分析。

试验过程中所有 GPS 与民航_GPS 的数据点比较结果如图 6.2 所示,对应的数据处理所采用的数据点如图 6.3 所示。该架次民航飞机的批号为 780576,机型为 B738,飞行航线为烟台至北京。飞机机身长度 39.5m,机身宽度 3.53m,翼展 34.3m,高度(垂直尾翼顶端)12.5m。

表 6.1 NUC 数值的含义

NUC	水平保护限制(HPL)	95%圆概率水平位置误差 μ
7	25m≤HPL<185.2m	10m≤μ<92.6m
8	7.5m≤HPL<25m	3m≤μ<10m
9	HPL<7.5m	μ≤3m

注:1. HPL 表示 Horizontal Protection Limit。

2. μ 表示水平位置上保留半径为 μ 的概率在 95%以上。

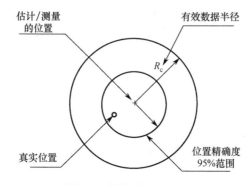

图 6.1 精度等级示意图

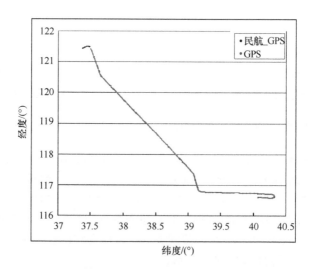

图 6.2 试验过程中所有 GPS 与民航_GPS 的数据点比较结果

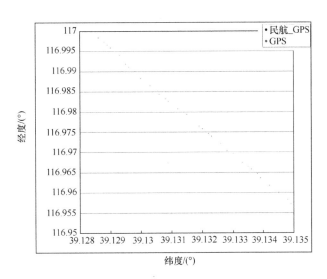

图 6.3　数据处理所采用的数据点

在数据点中选取民航_GPS 位置与携带 GPS 位置相近的点，并将这些距离相近的点距离的差值计算出来，民航_GPS 数据与 GPS 数据点比较结果如表 6.2 所列。从表 6.2 中可以看到，民航_GPS 和 GPS 数据点在时间的接收范围内，可视为同一个数据点，而且由于试验者所在位置和机载 GPS 位置有一定的偏差。通过该试验可以看出，该距离差都小于 10m，而单点 GPS 位置测量的精度在 10m 左右。因此，可以得出以下结论：

（1）在空间中的一条航迹上，民航_GPS 和 GPS 数据点具有一致性。

（2）民航_GPS 接收数据点比 GPS 数据点更多，可靠性高。

（3）民航_GPS 数据点的值可以作为 GPS 真值使用，具有可行性。

表 6.2　民航_GPS 数据与 GPS 数据点比较结果

序号	民航_GPS 时间	民航_GPS（经纬度）/（°）	GPS 时间	GPS（经纬度）/（°）	距离差/m
1	125427984	116.9564, 39.1351	125426892	116.956485, 39.135088	7.17
2	125402953	117.0067, 39.1276	125358892	117.006787, 39.127617	8.47
3	125402953	117.0013, 39.1283	125401892	117.001367, 39.12832	6.20
4	125354593	117.0176, 39.1262	125352592	117.017627, 39.126202	2.36
5	125427984	116.96, 39.1345	125424892	116.960067, 39.134518	6.20
6	125427984	116.9583, 39.1348	125425892	116.958277, 39.134803	2.39

注：民航_GPS 和 GPS 时间格式为 UTC 时间，hhmmss.sss。

根据实测的数据来看，表格提供的值为保守值，实际测试表明：NUC=7 时的民航目标位置精度都能达到米级。当前对采集的 ADS-B 数据的精度等级进行分析，发现大部分飞机的导航不确定性等级 NUC 都能达到 7 级，这与民航飞机 GPS 定位的精度有密切的关系。

6.1.2　ADS-B 高度精度分析与验证

根据国际民航组织规定，当飞机进入航线以后，为了保持飞机之间的间隔，一律使用标准气压高度，即在巡航阶段，所有飞机都必须把高度表设定在标准气压，这是飞机上高度表统一表示标准气压高度，这样就避免了各飞机之间的高度指示出现分歧。在《RTCA DO-260B》协议中规定 ADS-B 采用气压高度作为高度数据源时，数据为未修正的标准气压高度。《1090MHz 扩展电文 ADS-B 和 TIS-B 最低运行性能标准（DO-260B）》规定了机载 ADS-B 发射设备下传的高度数据精度。

全球定位系统 GPS 给出的高度信息为参考椭球面的高度，但是 ADS-B 给出的高度信息是气压高度，如何将获取的气压高度转换为参考椭球高度是一个关键因素。RTCA 在其公开的 ADS-B 技术协议中给出了从气压高度到参考椭球高度的转换关系，这为基于 ADS-B 数据的高精度雷达标校提供了保证。由于 ADS-B 下传的高度数据为机载气压计提供的标准气压高，下传的高度差值修正量为 GNSS 高度与标准气压高的差值。综合以后的精度为 10m 左右，而机载二次应答机提供的一般为气压高度，最大误差可以达到 300～500m。

2011 年 3 月在南京某试验基地的 ADS-B 雷达标校精度验证试验中，被测雷达为高精度雷达，已经通过军用飞机检飞标校，其探测精度已达标。我们将雷达标校设备与雷达一同开机，并同时录取了多批民航飞机数据。选取几批精度等级较高（NUC=7）的民航飞机数据，并对民航飞机加上其对应的高度修正量，之后再和对应的雷达数据作比对分析。得到的结论是，采用 ADS-B 雷达标校设备对雷达的标校结果与其军机检飞的结果吻合。

因此，ADS-B 数据中的高度信息较飞参数据的高度信息全面，同时具有气压高度和 GPS 高度修正量。图 6.4 所示为 ADS-B 数据高度精度验证，ADS-B 的 GPS 高度修正量转换到雷达坐标系下与雷达所测的仰角在 0.005°内，转换到高度，误差在 10m 内。

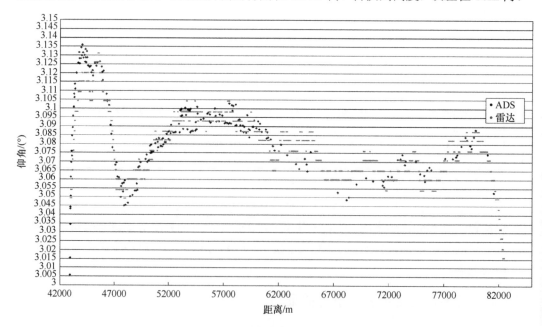

图 6.4　ADS-B 数据高度精度验证

6.1.3 ADS-B 时间精度及实时性验证

1. 目标发射时间精度

《1090MHz 扩展电文 ADS-B 和 TIS-B 最低运行性能标准（DO-260B）》对机载 ADS-B 发射设备的时间精度做出了以下规定。

（1）同步 ADS-B 位置信息对应的时间戳精度为 1μs，目前有标准，但空中的民航飞机没有采用。

（2）目前飞机的时间戳精度为 0.1s，对应距离变化 20m，认为还在同一个距离单元。

2. 目标接收时间精度

时间精度：1ms（目标接收到报文并打上时间戳的精度）。

验证方法：采用两套 ADS-B 接收设备在两个地方 A 与 B 同时对空中的民航飞机播报的 ADS-B 数据进行记录并对记录的数据打上时间戳。依据图 6.5 所示的时间测试方案图，A、B 两点的 GPS 坐标可以用高精度的 GPS 设备测量出来，假设经度、纬度、高度坐标分别为 (E_A, N_A, H_A) 和 (E_B, N_B, H_B)。假设某民航飞机在 C 点发出了 ADS-B 信息，

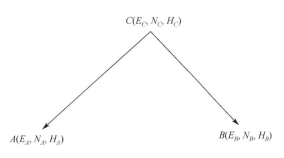

图 6.5　时间测试方案图

A、B 两点与 C 点的距离不同，导致 A、B 两点的设备不是同时接收到此信息，根据两台设备记录的时间戳可以计算出两台设备先后接收到数据的时间差 Δt_1。

此外，飞机在 C 点发出的信息中包含了 C 点的经度、纬度、高度坐标信息（E_C, N_C, H_C），根据 A、B、C 三点的坐标，可以计算出 A、B 两点分别到 C 点的距离 AC 与 BC，根据 AC 与 BC 的距离差可以计算出 A、B 两点的设备接收到此信息的理论时间差 Δt_2。比较 Δt_1 与 Δt_2 可以发现，ADS-B 时间信息的精确度可以达到 1ms。

为了验证 ADS-B 接收机对民航飞机广播 ADS-B 信号添加时间戳的精度。ADS-B 接收机时间戳精度测试时序如图 6.6 所示，在 GPS 同步的前提下，使用 ADS-B 发射机在 GPS 时间同步后 1.3μs 发送固定 ADS-B 奇（偶）报文；接收机在收到该报文后在报文 8μs 时刻打上时间戳，试验共测试时间为 441s，测试精度不大于 0.53μs，符合要求。

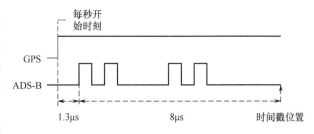

图 6.6　ADS-B 接收机时间戳精度测试时序

3. ADS-B 实时性分析

从 ADS-B 技术协议和当前接收的报文数据来分析，ADS-B 数据发射的时间是不确定的，因而在以精确时间为基准的雷达系统误差标定等应用中受到的限制。但是 ADS-B 数据发射位置消息和速度消息的数据率分别为 2Hz，而基于飞机精确速度实时

外推的变数据率参考目标输出技术可以使 ADS-B 接收终端的数据率输出提高至 50Hz。由于 ADS-B 数据具有精确的位置和速度信息，经过实时高速外推后的数据完全满足高数据率雷达对实时数据的需求。

6.1.4　ADS-B 数据转换精度分析

在对 ADS-B 接收机接收数据的处理中，GPS 坐标的转换至关重要，其转换精度直接关系到雷达标校的效果。由于民航飞机下传的位置数据是经度、纬度和高度信息，而雷达获得数据是以雷达坐标系为基准的斜距、方位和俯仰，两种数据格式不一致。因此，需要将民航飞机数据与雷达数据转换到同一个坐标系下才能作数据比对分析。首先利用图 6.7 所示的参心大地坐标系转换为参心空间直角坐标系的转换关系，然后由空间直角坐标转换至适用于雷达的坐标系。

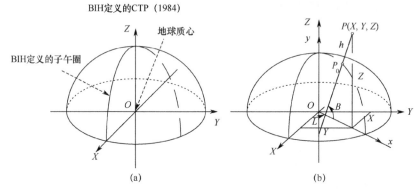

图 6.7　参心大地直角坐标系转换到参心空间直角坐标系的转换关系
（a）参心大地坐标系；（b）参心空间直角坐标系。

雷达坐标是指斜距、方位和俯仰，分别用 r、φ、θ 表示，其直角坐标系和雷达坐标的转换关系如图 6.8 所示。

转换公式为

$$r = \sqrt{x^2 + y^2 + z^2} \qquad (6.1)$$

$$\varphi = 180 - \arctan\left(\frac{x}{y}\right)\frac{180}{\pi} \qquad (6.2)$$

$$\theta = \arcsin\left(\frac{z}{r}\right)\frac{180}{\pi} \qquad (6.3)$$

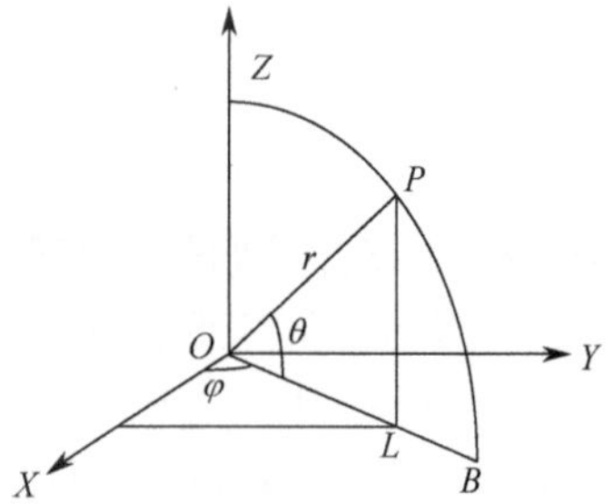

图 6.8　直角坐标系和雷达坐标的转换关系

如果得到的方位结果小于零，需加上 360° 进行修正。

6.1.5　ADS-B 数据测角精度分析

以 NUC 精度为 7 时，10m 的水平位置和高度误差引入到雷达坐标系下，对应的角度精度在 100km 时，可以达到的方位精度：0.0057°<0.1mil；仰角精度：0.0057°<0.1mil；20km 为 5 倍精度，0.0285°，也可以作为炮瞄雷达的精度验证，满足雷达的验证需求。

6.2 ADS-B 数据率分析

《1090MHz 扩展电文 ADS-B 和 TIS-B 最低运行性能标准（DO-260B）》规定，民航飞机广播的位置数据率为 2Hz，速度数据率为 2Hz。对空警戒雷达的数据率一般为 3～6r/min（0.03～0.1Hz），因此 ADS-B 数据率是普通警戒雷达数据率的 20～60 倍，完全满足雷达误差标定的需求。针对高精度舰载雷达 10Hz 的数据率，基于 ADS-B 精确速度实时外推的变数据率参考目标输出的数据率可以达到 50Hz，也能够满足高精度高数据率雷达的系统误差标定要求。

6.3 ADS-B 数据准确性分析

ADS-B 报文格式如图 6.9 所示，ADS-B 广播系统采用的信号格式为消息扩展型，由 112 个信息脉冲构成的 S 模式 SSR 长应答信号格式，传输速率可达 1Mb/s，其中第 1～5 比特位为下传数据的格式，常用的为 DF=17，用二进制表示为 DF=10001；第 6～8 比特位为表示应答机的等级（CApability，CA 码）；第 9～32 比特位为地址码（Address Announced，AA），第 24 比特位为 Modes 地址，ICAO 组织提出的，给全球每一架装备有 ADS 设备的飞机的唯一标志；第 33～88 比特位是扩展消息振荡器（Message Extended Squitter，ME）；第 89～112 比特位为信息校验码（Parity/interrogator Identifier，PI），用于检验接收到的数据是否正确。

图 6.9 ADS-B 报文格式

每条广播的报文中含有消息校验位，收信者可以根据接收到的报文中的校验位信息进行判别当前接收到的报文是否存在误码。可以通过码元纠错手段对错误码元进行纠错。从实际接收到的报文分析，ADS-B 数据报文错误的概率极低，这也保证了空中交通管制的安全性。

6.4 ADS-B 数据稳定性分析

ADS-B 发射设备加装在民航飞机上面，民航飞机严格按照经、纬度坐标和气压高度层飞行，从民航飞机飞行的轨迹来看，ADS-B 数据非常稳定。根据图 6.2 和图 6.3 可以看出 ADS-B 数据和 GPS 数据吻合得很好。

进一步地对 ADS-B 数据和差分 GPS（DGPS）数据进行分析，将差分 GPS 数据作为真值数据。由于差分 GPS 数据率为 10Hz，ADS-B 数据为 2Hz，针对每一个 ADS-B 数据在差分 GPS 数据中寻找匹配点；然后画出 ADS-B 数据与其匹配点数据的距离、方位一次差曲线。图 6.10 所示为 ADS-B 与 DGPS 距离一次差，而图 6.11 所示为 ADS-B

与 DGPS 方位一次差，可以看出 ADS-B 与差分 GPS 的距离误差均值为 10m、方位误差均值为 0.00007°。由于 ADS-B 天线的位置和 DGPS 天线的位置不是在同一处，且飞机机身长度 39.5m，机身宽度 3.53m，翼展 34.3m，高度（垂直尾翼顶端）为 12.5m，会给数据处理结果带来一定的波动。但从数据的结果来看，考虑到天线位置因素，ADS-B 数据具有高精确性和稳定性。

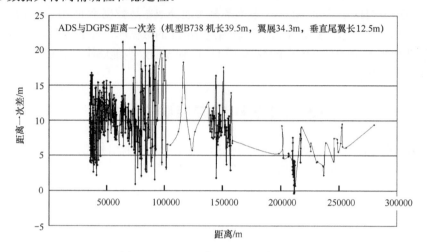

图 6.10　ADS-B 与 DGPS 距离一次差

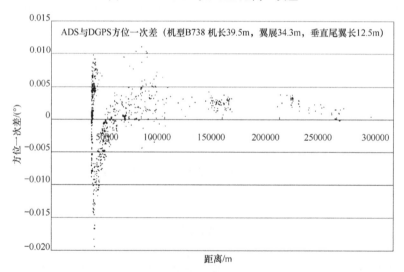

图 6.11　ADS-B 与 DGPS 方位一次差

6.5　ADS-B 数据外推处理

由于受到外界干扰，ADS-B 接收机接收的目标编码信息出现错误而被丢弃将导致丢点问题，使得很大一部分数据不能被利用。另外，飞机姿态的变化也会导致 ADS-B 接收的数据点变得稀疏，在飞机做飞行姿态调整时，一般都会伴随着速度或者方向的改变。随着姿态的变化，飞机能够正常收到定位信号对应的卫星数量将减少，其下传的 GPS 数据点也有所减少。在对高精度雷达系统数据跟踪模拟测试环节，由于雷达系统的数据率高于 ADS-B 数据输出的速率，需要对 ADS-B 数据输出的速率进行调整。

这个问题将通过数据外推跟踪来解决。常规的模型是利用已知的 ADS-B 点迹坐标，得到目标在 3 个方向上的速度，然后依据时间信息，在三维方向上求得距离矢量，然后合成位置信息，完成高速数据点的外推。这种外推方法实际应用中受目标数据率的影响很大，在目标数据率稳定的情况下，数据外推结果比较好，在目标受到干扰和目标机动拐弯的情况下，外推跟踪的效果不佳，主要问题出在对目标速度的处理上。为了使输出的数据具有准确性和实时性，需要对数据外推进一步建立模型外推，以满足其对引导和跟踪数据的需求。

1. 三点速度方向预测及对地速度分解

对地速度方向预测的正确与否是能否跟踪目标的关键，因为 ADS-B 接收的数据点较密集，两个数据点之间的距离很短，稍微的数据抖动都可能造成跟踪方向的偏差。图 6.12 所示为三点速度方向预测，A、B、C、D 依次表示 4 个数据点，A 为起点，其中 B 点有扰动，CX 与 X 轴平行，如果不平滑，CD 段跟踪会出现较大偏差，如图 6.12 中的 CM 所示。

图 6.12 中向量 CO 表示三点速度方向预测后 C 点的跟踪方向。ADS-B 接收的数据首先转换到大地直角坐标系下，对地速度和升速都在直角坐标系下进行分解，求解 C 点对地速度在大地直角坐标系下 3 个分速度大小的过程如下，以 X 轴方向的分解速度为例。

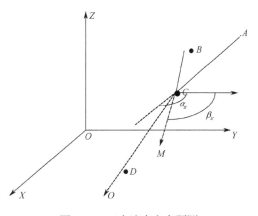

令 A、B、C 3 个点的坐标分别为 $A(x_A, y_A, z_A)$、$B(x_B, y_B, z_B)$、$C(x_C, y_C, z_C)$，对地速度大小为 v_e，AC 与 X 轴夹角用 α_X 表示，BC 与 X 轴的夹角用 β_X 表示，在三点速度方向预测后，C 点对地速度在 X 轴的分量大小为 v_{eCX}，则有

图 6.12 三点速度方向预测

$$\alpha_X = \arccos\left((x_C - x_A)\Big/\sqrt{(x_C - x_A)^2 + (y_C - y_A)^2 + (z_C - z_A)^2}\right) \qquad (6.4)$$

$$\beta_X = \arccos\left((x_C - x_B)\Big/\sqrt{(x_C - x_B)^2 + (y_C - y_B)^2 + (z_C - z_B)^2}\right) \qquad (6.5)$$

$$v_{eCX} = v_e \cos\left(\frac{(\alpha_x + \beta_x)}{2.0}\right) \qquad (6.6)$$

同理，可得在 Y 轴和 Z 轴的分量大小分别为 v_{eCY}、v_{eCZ}。

2. 升速分解

升速方向为坐标原点与目标位置点连线，图 6.13 所示为直角坐标系下速度的分解，其中 CP 为 C 点的升速，CP 在 3 个维度上的分解速度分别为 CM、CN、$O'P$，大小

分别为 v_{upCX}、v_{upCY}、v_{upCZ}。

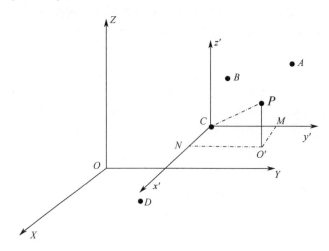

图 6.13　大地直角坐标系下速度的分解

设在直角坐标系下，C 点在 X 轴、Y 轴和 Z 轴的速度分别为 v_{CX}、v_{CY}、v_{CZ}，则

$$v_{CX} = v_{upCX} + v_{eCX} \tag{6.7}$$

$$v_{CY} = v_{upCY} + v_{eCY} \tag{6.8}$$

$$v_{CZ} = v_{upCZ} + v_{eCZ} \tag{6.9}$$

由 B 及其前两个点的数据信息，可得 B 点在 3 个维度上的速度分别为 v_{BX}、v_{BY}、v_{BZ}，另外 B、C 数据点的时刻已知，可分别设为 t_B、t_C，则 C 点在 3 个维度上的加速度 a_{CX}、a_{CY}、a_{CZ} 分别为

$$a_{CX} = \frac{v_{CX} - v_{BX}}{t_C - t_B} \tag{6.10}$$

$$a_{CY} = \frac{v_{CY} - v_{BY}}{t_C - t_B} \tag{6.11}$$

$$a_{CZ} = \frac{v_{CZ} - v_{BZ}}{t_C - t_B} \tag{6.12}$$

3. 外推

根据已得到的数据，通过坐标转换可以得到目标点在大地直角坐标系下的坐标位置，通过三点速度方向预测和速度分解与合成可以得到数据点的位置信息、速度信息和加速度信息。在 3 个维度上对目标进行外推，设第 k 时刻 C 的位置信息为 $C_k(x_{Ck}, y_{Ck}, z_{Ck})$，$C$ 点的速度大小为 $v_{Ck}(v_{CXk}, v_{CYk}, v_{CZk})$，$C$ 点的加速度为 $a_{Ck}(a_{CXk}, a_{CYk}, a_{CZk})$，数据点外推时间间隔为 T，则外推公式为

$$v_{CX(k+1)} = a_{CX}T + v_{CXk} \tag{6.13}$$

$$v_{CY(k+1)} = a_{CY}T + v_{CYk} \tag{6.14}$$

$$v_{CZ(k+1)} = a_{CZ}T + v_{CZk} \tag{6.15}$$

$$x_{C(k+1)} = x_{Ck} + v_{CXk}T + 0.5a_{CX}T^2 \tag{6.16}$$

$$y_{C(k+1)} = y_{Ck} + v_{CYk}T + 0.5a_{CY}T^2 \tag{6.17}$$

$$z_{C(k+1)} = z_{Ck} + v_{CZk}T + 0.5a_{CZ}T^2 \tag{6.18}$$

通过加速度的改变，可以实现匀速模型和匀加速模型的转换。

通过对机场民航飞机的跟踪测试，三点速度预测效果如图 6.14 所示，用三点速度预测可有效提高跟踪精度。如果跟踪数据的数据率为 50Hz，当两个数据点时差在 10s 以内时，误差小于 0.0001°。

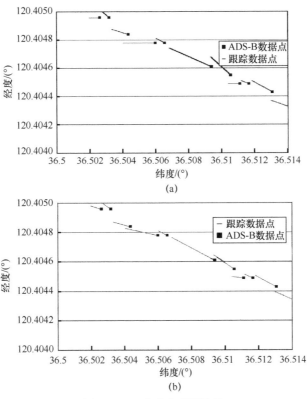

图 6.14　三点速度预测效果
（a）没有用三点速度预测；（b）用三点速度预测。

6.6　小　结

从试验验证结果可以看出，ADS-B 数据具有精确、准确和稳定的特性，在实时性方面，通过基于精准的速度信息可以将数据的实时性进一步提高。因此，不论是从 ADS-B 技术协议的精度分析，还是从 ADS-B 与高精度 DGPS 以及雷达等获取飞机的飞参数据比对的结果分析，ADS-B 数据具有精确、准确和稳定的特性。基于 ADS-B

精确速度实时外推的变数据率参考目标输出技术，则解决了 ADS-B 数据率方面的难题，直接利用 ADS-B 报文中的速度信息进行外推。该报文信息中包含的速度信息分别为水平东西速度、水平南北速度和垂直速度，因此在目标姿态机动变化的情况下，也能够及时得到调整，输出的数据也更为准确、可靠，同时 ADS-B 数据输出具有实时和可变高速率的特性，能够满足对多种型号雷达探测性能评估的需求。

由于 ADS-B 数据加装在民航飞机上面，军机上面加装的 ADS-B 信息不广播其位置消息。因而在军机飞参数据获取方面，不能得到与之对应的 ADS-B 数据。目前用来验证 ADS-B 数据精确性所采用的方案是携带高精度差分 GPS 到民航飞机上去，然后对该架飞机的 DGPS 数据和 ADS-B 数据进行比对分析。这与雷达误差标定方案中常规采用的军机检飞有所不同。如果能够在军用训练飞机上加装 ADS-B 发射设备，就可以获取军机飞参数据与 ADS-B 数据的比对。

参 考 文 献

沈笑云, 唐鹏, 张思远, 等. ADS-B 统计数据的位置导航不确定类别质量分析[J]. 航空学报, 2015, 36(9): 3128-3136.

第7章　ADS-B 信息用于雷达性能标校的数据处理方法

现代战场上，依靠单雷达传感器提供信息已无法满足作战的需求，基于多传感器组网的信息融合因其更为精确、可靠，而成为一种主要的目标位置、轨迹、态势信息的获取方式。而所有传感器的测量值都包含两种类型的误差：随机误差和系统误差。随机误差可以用对观测值进行平均的方法滤除；而系统误差被普遍认为是一个恒定或者缓慢变化的量，在单传感器系统中不能通过原有的 Kalman 滤波器等滤波方法消除。系统误差的存在可能导致融合系统对同一目标形成虚假航迹或者融合后丢失目标，大大降低了信息融合带来的优势。

考虑到 ADS-B 设备下发的数据具有较高的精度，获取其数据信息作为飞机空中位置信息，可为机载、地面、舰载不同平台雷达的性能测试验证，提供一种新的简单、有效且具有较高经济效益的测试验证手段。

在空中交通管制领域，多数民航飞机已安装广播式自动相关监视系统（ADS-B）实时广播自己的位置、速度等信息，这些信息来自机载全球卫星导航系统（GNSS），具有较高的精度，可以直接作为真值标定普通雷达的系统误差或与其他传感器数据进行融合。文献[4]未考虑 ADS-B 数据的误差，通过系统误差配准实时得到单传感器的系统误差，但其配准精度对高精度雷达略显不足。文献[10-11]中 ADS-B 误差模型和实际情况有一定差别，其配准精度也不足以满足对高精度雷达的标定需求。

本章提出对 ADS-B 固定误差及目标回波中心变化引入的误差进行建模，协同高精度雷达的数据，联合估计出 ADS-B 固定误差，对 ADS-B 与雷达数据之差作联合修正，最后估算出雷达系统误差。这种方法不需要来自其他雷达的数据，且不需要多个航迹的数据，大大增加了标定方法的实用性，有效地降低了融合中心计算的复杂度。

7.1　ADS-B 位置精度分析

7.1.1　ADS-B 位置误差来源

ADS-B 位置误差是指 ADS-B 位置报文中的位置与发射该条位置报文时飞机所处的真实位置之间的差别。ADS-B 位置误差由三部分组成：定位误差、数据链误差、系统延时误差。

定位误差来自机载导航设备，不同导航设备的定位误差等级有所差别。近年来不少飞机已采用 GNSS 导航设备，此时机载 GNSS 天线位置代表飞机的位置，定位精度得到了很大提高。不过 GNSS 导航设备的精度也不是固定的，基于卫星导航的几何精度因子

（Geometric Dilution of Precision，GDOP）在不同经、纬度也存在差异，但在一个较小的区域卫星导航 GDOP 的影响可以忽略。在 ADS-B 数据通信过程中，为了减少数据报文长度、提高传输效率，对定位误差等级进行了编码，用 NIC 表示水平位置的完好性和精度。

数据链误差来源于对位置进行编码的分辨率。ADS-B 位置报文中对经、纬度采用 CPR 编码方式，空中位置消息中经、纬度编码的精度为 5m 左右；高度编码的精度为 25ft（7.62m）。在通常的误差分析中，该项误差由于影响较小且呈均值为零的均匀分布，故常不进行考虑。

ADS-B 的位置精度可以表示为

$$\sigma = \sigma_N + \tau v \tag{7.1}$$

式中：σ_N 为机载导航系统的定位精度；τ 为从定位到发射期间未能得到补偿的时延。对于普通 GPS 接收机来说，σ_N 的水平位置精度为 10m，σ_N 的测高精度为 15m。σ_N 服从零均值的正态分布，可以通过求平均来滤除。不可补偿的时延因难以测量、误差量级更大且不具有零均值特性，需要着重处理。系统延时误差是 ADS-B 位置误差中最主要的误差，它是指 ADS-B 报文中位置对应的真实时间到该报文被发射的时间中没有被补偿的部分。由于系统延时导致的误差难以测量且不具有零均值特性而成为误差分析中的重点。在国际民航组织针对 ADS-B 系统提出的最低性能标准"DO-260B"的附件 U 中，明确阐述了 ADS-B 系统从定位测量到信号发射的过程。图 7.1 所示为 ADS-B 信号处理过程及时刻，从定位到发射需要经过 GNSS/惯导组合导航设备、数据集中处理设备、ADS-B 发射设备等，每一个设备都会产生计算和传输延时。这里假设导航设备与数据集中处理设备的接口为 B1，数据集中处理设备与 ADS-B 发射设备的接口为 C，ADS-B 发射设备输出接口为 D。定义数据穿过接口 X 的时间为 T_X，而 TOA_X 为穿过接口 X 的数据对应的真实时间，$\Delta T_{X \to Y}$ 为从接口 X 到接口 Y 的补偿时间。

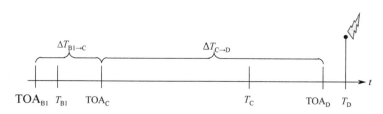

图 7.1　ADS-B 信号处理过程及时刻

对于导航设备，其工业标准规定 T_{B1}-TOA_{B1} 不超过 200ms；对数据集中处理设备，标准建议其处理时间 T_C-T_B 不超过 100ms；对于 ADS-B 发射设备，标准规定 T_D-T_C 不能超过 100ms，那么 ADS-B 系统总延时即为 T_D-TOA_{B1}，该延时在某些情况下（如导航设备的数据更新产生较大延时），系统总延时可达 1.5s。若数据集中处理设备对系统延时进行了补偿 ΔT_{C-D}，那么未补偿的系统延时为 T_D-TOA_D，标准规定该值应处于-200～400ms。

这就是说在具有补偿机制的情况下，飞机发射时刻所处的位置和报文中的位置存在最大 $0.4v$ 的距离差（飞机速度为 250m/s 时，距离差为 100m）。而在没有补偿机制的情况下，该距离差会更大。系统延时对一架飞机来说相对固定，而对不同飞机来说各不相同。在利用 ADS-B 标定高精度雷达的系统误差中，不能直接将其作为真值，需要尽量将其消除，才能满足误差标定的精度要求。

7.1.2 ADS-B 实测数据随机误差分析

从 7.1.1 节中可以知道，ADS-B 位置误差主要分为由系统延时引起的固定误差和定位精度、CPR 编码引入的随机误差。固定误差取决于机载设备本身的特性，尚不能仅依靠 ADS-B 数据进行分析，随机误差则可以通过建模来等效分析。

图 7.2 所示为 ADS-B 中各位置的关系，对民航飞机来说，飞行过程一般不存在较大的机动，尤其在航线上飞行时非常平稳，飞机的速度变化是缓慢的，故在较短的时段内可以将飞机视为匀速直线运动（假设沿 x 轴飞行）。假设飞机（机载 GNSS 天线）在某个时刻 T_n 真实位置为 P_n，速度为 v_n，而机载导航设备测量出的位置为 $\tilde{P}_n$（P_n 与 $\tilde{P}_n$ 的距离不会超过 R_C），机载 ADS-B 系统将此位置广播出去时飞机当前位置为 P_n'，接收站接收到该报文的时刻为 TOR_n。假设机载 ADS-B 的系统延时为固定值，用 τ 表示。

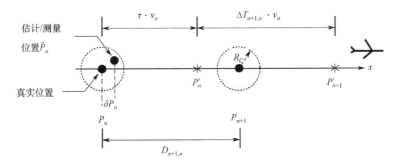

图 7.2　ADS-B 中各位置的关系

$D_{n+1,n}$ 为 T_{n+1} 时刻发送的报文中的位置 P_{n+1} 与 T_n 时刻发送的报文中的位置 P_n 之间的距离；$\Delta T_{n+1,n}$ 为 T_{n+1} 时刻与 T_n 时刻之差，由于相邻两条报文的时间间隔约为 0.5s，飞机相对于接收站距离的变化很小，故可以用接收到报文时打上的时间戳 TOR_{n+1} 与 TOR_n 之差来代替。

将在航线上飞行的飞机看作是做匀速直线运动，所以 $v_n \approx v_{n+1}$，δP_n 为 T_n 时刻所发报文随机误差在飞行航线上的投影，所以有

$$D_{n+1,n} - \Delta T_{n+1,n} v_n = \delta P_{n+1} - \delta P_n \qquad (7.2)$$

故可通过评估定位误差投影在航线上的二次差 $\delta P_{n+1,n} = \delta P_{n+1} - \delta P_n$，来表示 ADS-B 位置的随机误差。

由于 $\Delta T_{n+1,n}$ 是一个在 0.4~0.6s 内的随机值，所以对等式左边的结果作归一化处理，即等效随机误差 $\text{EV}_n = (D_{n+1,n} - \Delta T_{n+1,n} v_n) / \Delta T_{n+1,n}$。对某架装有 ADS-B 系统的飞机进行连续监视，得到 $N+1$ 个位置报文，根据上述步骤，可得向量 $[\text{EV}_1, \text{EV}_2, \cdots, \text{EV}_N]$，将此向量看作对一个服从正态分布变量的采样，并对其作概率分布拟合，可得到均值和标准差两个参数，可在较大程度上反映 ADS-B 位置的随机误差。从实测数据中的不同 NIC 等级下

各挑选了一个批次数据进行处理，得到的不同 NIC 值时的等效定位误差如图 7.3 所示。

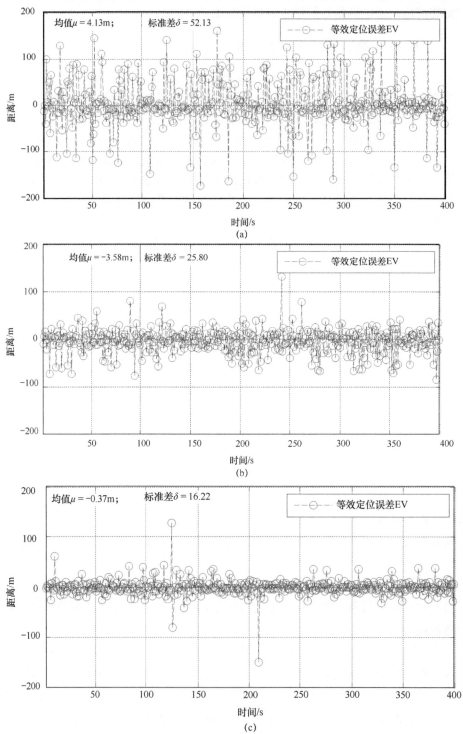

(a)

(b)

(c)

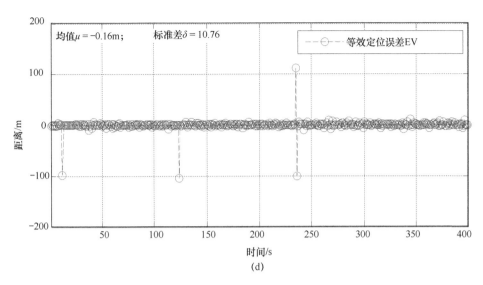

均值 $\mu = -0.16$m；   标准差 $\delta = 10.76$

- - -○- - - 等效定位误差EV

（纵轴）距离/m

（横轴）时间/s

(d)

图 7.3   不同 NIC 值时的等效定位误差

（a）NIC=6；（b）NIC=7；（c）NIC=8；（d）NIC=9。

对每一批次的等效定位误差作正态分布拟合，得到均值 μ 和标准差 σ。由 $\sigma^2 = 2(\sigma_x^2 + \sigma_y^2 + \sigma_z^2)$，可得在 NIC=7 时的实测 σ_p 为 10.53m，比把 ADS-B 位置误差整体当作高斯分布（$\sigma_p = 66.8\ \mathrm{m}$）要小很多。

7.2   ADS-B 用于雷达性能标定的理论

7.2.1   ADS-B 数据误差在雷达坐标系下的特征分析

ADS-B 数据固定误差表现在以飞机航线为轴的一维向量上。为了分析其在雷达局部坐标系下的特征，结合图 7.4 所示的雷达坐标系，假设某架飞机 ADS-B 系统的发射不可补偿时延引起的位置误差（播报位置与实际位置之间的距离）为 L_D（播报位置落后实际位置取正，超前取负），飞机的航向角为 φ_A，飞机相对雷达的斜距、方位角和俯仰角分别为 r_p、φ_p、θ_p。

除了径直从雷达顶空飞越的飞机外，大多数的运动情况都符合图 7.5 所示的目标运动模型。

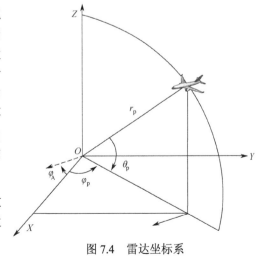

图 7.4   雷达坐标系

113

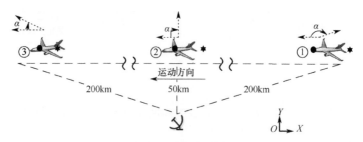

图 7.5　目标运动模型

L_D 在斜距上的投影为

$$P_r = L_\text{D} \cos\theta_\text{p} \cos(\varphi_\text{A} - \varphi_\text{p}) \tag{7.3}$$

在方位上的投影为

$$P_\varphi = \frac{180 L_\text{D} \cos\theta_\text{p} \sin(\varphi_\text{A} - \varphi_\text{p})}{\pi r_\text{p}} \tag{7.4}$$

在俯仰角上的投影为

$$P_\theta = \frac{180 L_\text{D} \sin\theta_\text{p} \cos(\varphi_\text{A} - \varphi_\text{p})}{\pi r_\text{p}} \tag{7.5}$$

假设 L_D 为 100m，飞机高度为 10000m（民航客机在航线上的高度），从距离雷达 200km 处沿直线穿越雷达威力范围，距离雷达最近时为 50km。图 7.6 所示为 L_D 在雷达坐标系上的投影。

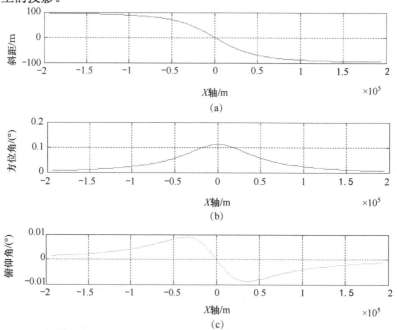

图 7.6　L_D 在雷达坐标系上的投影

（a）L_D 在雷达斜距上的投影；（b）L_D 在雷达方位上的投影；（c）L_D 在雷达俯仰角上的投影。

由图 7.6 可以看出下几点。

（1）当飞机在位置②时，L_D 在斜距上的投影最小，利用此时的数据对雷达的测距误差进行标定，效果较好。

（2）当飞机在位置①、③时，L_D 在方位上的投影将逐渐减小，利用此时的数据对雷达的测方位误差进行标定，效果较好。

（3）由于飞机离雷达的最近距离为 50km，仰角 θ_p 较小，L_D 在仰角上的投影最大为 0.009°，相较于在方位上的最大投影小了一个数量级，同样在位置②时投影最小，此时对雷达的测仰角误差进行标定效果最好，同时随着飞机与雷达之间距离的增大，投影也逐渐减小，所以选择位置①、③附近的数据进行俯仰角标定也可达到较高精度。

对标定精度要求不高的情况下，可直接按照上述三点对相应参量进行标定。但由于该方法所能采用的数据量有限，难免受到随机误差的影响。

ADS-B 随机误差来自机载导航设备的定位误差，受卫星误差、传播误差及接收误差等多方面的影响，在不同地方其 GDOP 会有所不同。在不是特别严苛的情况下，将 GNSS 导航设备的定位误差按照其服从零均值的正态分布进行处理。图 7.7 所示为 σ_N 在雷达坐标系上的投影，此时假设雷达的经度、纬度、高度分别为 120°、40°、0m。

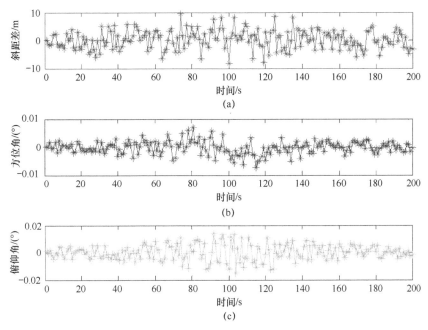

图 7.7 σ_N 在雷达坐标系上的投影

（a）σ_N 在雷达斜距上的投影；（b）σ_N 在雷达方位上的投影；（c）σ_N 在雷达俯仰上的投影。

σ_N 投影到雷达坐标系下同样具有零均值特性，只是其方差在飞机相对于雷达的不同位置时，受到一个变化因子的修正。所以，通过对数据作统计平均可以减小 ADS-B 随机位置误差对雷达测距、测方位角及测俯仰角的系统误差标定的影响。

7.2.2 目标散射中心变化分析

民航飞机的尺寸较军用战斗机要大很多，所以在对雷达探测民航飞机进行建模时，并不应当将飞机看作一个质点进行处理。当飞机相对于雷达的视角不同时，雷达探测目标的回波中心也在发生改变。如图 7.5 所示，"飞机"表示目标飞机的当前位置，黑色圆点表示其回波中心，而黑色六角星表示飞机此时向外播报的位置。当飞机刚进入雷达的威力范围，并向着雷达飞来时，可以近似看作径向飞行，飞机的回波中心在机头；当飞机到达航向与雷达环相切的位置时，回波中心在飞机的中部；当远离雷达时，回波中心在飞机的尾部。假设飞机机头朝向雷达的回波中心和机尾朝向雷达的回波中心的距离为 L_F，且回波中心相对机头的距离可以表示为

$$S = \frac{L_F}{2(\cos\alpha + 1)} \tag{7.6}$$

式中，L_F 的取值可以用飞机的长度乘以一个系数来近似。通过多批实测数据的测试验证，L_F 取 0.75 为最佳。

7.2.3 ADS-B 及雷达数据联合修正

对于 ADS-B 来说，要对高精度雷达进行系统误差标定，需要消除 ADS-B 固定误差以使其精度比雷达精度高 5 倍以上。对于雷达来说，需要消除由于目标回波中心的变化带来的误差，以达到更高的标定精度。本章在 ADS-B 数据与雷达数据之差（作差之前需要在时间上对准）的基础上对 ADS-B 固定误差及目标回波中心变化带来的误差做联合修正。

1．测距

图 7.8 所示为雷达数据与 ADS-B 数据之差的理论曲线，飞机在位置①时，此时飞机的回波中心和机载 GNSS 接收天线所处位置重合，雷达斜距和 ADS-B 解算斜距之差 ΔD 可以表示为 $\Delta D = L_D \cos\theta_p \cos\alpha$，此时 $\cos\theta_p$ 趋近于 1，$\cos\alpha$ 趋近于 -1，ΔD 近似等于 $-L_D$；飞机在位置②时，飞机的回波中心在飞机中部，$\Delta D = (L_D - L_F/2)\cos\theta_p \cos\alpha$，此时 α 为 90°，故 ΔD 近似为 0；飞机在位置③时，飞机的回波中心在飞机尾部，此时的 $\Delta D = (L_D - L_F)\cos\theta_p$ $\cos\alpha$，$\cos\theta_p$ 趋近于 1，$\cos\alpha$ 趋近于 1，ΔD 近似等于 $L_D - L_F$。

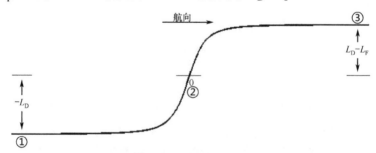

图 7.8 雷达数据与 ADS-B 数据之差的理论曲线

若用一个公式来表达 ΔD，则

$$\Delta D = \left(L_{\mathrm{D}} - \frac{L_{\mathrm{F}}}{2}(\cos\alpha + 1) \right) \cos\theta_{\mathrm{p}} \cos\alpha \tag{7.7}$$

2. 测方位

飞机从位置①飞到位置③时，雷达方位与 ADS-B 解算方位之差 $\Delta\varphi$ 可表示为

$$\Delta\varphi = \frac{180\left(L_{\mathrm{D}} - \frac{L_{\mathrm{F}}(\cos\alpha + 1)\cos\theta_{\mathrm{p}}\sin\alpha}{2} \right)}{\pi r_{\mathrm{p}}} \tag{7.8}$$

3. 测俯仰角

飞机从位置①飞到位置③时，雷达俯仰角与 ADS-B 解算俯仰角之差 $\Delta\theta$ 可表示为

$$\Delta\theta = \frac{180\left(L_{\mathrm{D}} - \frac{L_{\mathrm{F}}(\cos\alpha + 1)\sin\theta_{\mathrm{p}}\cos\alpha}{2} \right)}{\pi r_{\mathrm{p}}} \tag{7.9}$$

7.3 ADS-B 固定误差估计

从 7.2 节可知，作联合修正首先需要得到 L_{D} 的值，估计方法如下：首先粗略估计出雷达的测距误差，并进行修正，在不考虑随机误差（可以求平均以滤除）的情况下，修正后 ADS-B 数据与雷达数据之差只剩 ADS-B 固定误差及目标回波中心变化带入的误差，如图 7.8 所示，在图中位置①处求得大致的 L_{D} 的值。

从 7.2.3 节可知，ADS-B 固定误差在位置②时在雷达斜距上的投影最小，近乎为零，那么可以将此时的 ADS-B 解算斜距当作真值，与雷达斜距进行比对得到雷达测距系统误差。假设飞机从位置①到位置③，雷达共获取了 N 个测量值，ADS-B 数据通过外推和坐标转换获取了同雷达数据时间对准的值，雷达数据和 ADS-B 数据分别记为 $(r_{\mathrm{p},i}, \varphi_{\mathrm{p},i}, \theta_{\mathrm{p},i})$ 和 $(r_{\mathrm{a},i}, \varphi_{\mathrm{a},i}, \theta_{\mathrm{a},i})$ $(i = 1, 2, \cdots, N)$。那么雷达的测距误差大致可以用飞机在位置②附近的若干数据点求得，即

$$\Delta r = \frac{\sum_{i=J}^{i=K}(r_{\mathrm{p},i} - r_{\mathrm{a},i})}{(K - J + 1)} \tag{7.10}$$

式中：从第 J 个数据点到第 K 个数据点在位置②附近选取，J、K 的取值满足 $r_{\mathrm{a},i} < \min (r_{\mathrm{a},1:N}) / \cos(\arcsin(\mathrm{const}_{JK}))$，$J \leqslant i \leqslant K$。$\mathrm{const}_{JK}$ 一般取不大于 0.3 的正数。理论上 const_{JK} 的取值越小越好，但又需要保证一定的数据量参与运算，故应根据实际情况选取一个合适的值，本章选取 $\mathrm{const}_{JK} = 0.2$。

在求得雷达测距系统误差后，即可在位置①附近选取若干点来估计 L_{D} 的值，即

$$L_{\mathrm{D}} = \frac{\sum_{i=1}^{i=M}(r_{\mathrm{a},i} - (r_{\mathrm{p},i} - \Delta r))}{\sum_{i=1}^{i=M}\left(\cos\left(\arcsin\frac{\min(r_{\mathrm{a},1:N})}{r_{\mathrm{a},i}} \right) \right)} \tag{7.11}$$

第 1 到第 M 个数据点在位置①附近选取，M 的取值满足 $r_{a,i} > \min(r_{a,1:N})/\sin$ $(\arccos \mathrm{const}_M)$ $(1 \leqslant i \leqslant M)$。$\mathrm{const}_M$ 一般取 $0.7 \sim 1$ 之间的正数。理论上 const_{JK} 的取值越接近 1 越好，但又需要保证一定的数据量参与运算，故应根据实际情况选取一个合适的值，本章选取 $\mathrm{const}_M = 0.8$。

7.4　雷达系统误差标定方法

7.4.1　雷达系统常规的误差标定方法

目前，基于 ADS-B 标定雷达系统误差的方法通常将 ADS-B 作为目标真值，转换到雷达坐标系下，在时间对准后求得斜距差、方位角差及俯仰角差，再作平均，即估算出雷达测距、测方位及测俯仰角的系统误差。

首先需要把以 WGS-84 坐标系表示的原始 ADS-B 数据转换到大地直角坐标系下，利用 ADS-B 速度报文中的对地速度、升速、航向等信息以及与 UTC 时间同步的 ADS-B 接收机打上的时间戳，对位置数据外推（或内插），实现 ADS-B 数据与雷达数据在时间上对准。然后将在大地坐标系下的 ADS-B 位置点 (X, Y, Z)，转换到雷达坐标系 $(r_a, \varphi_a, \theta_a)$。

自此得到和雷达位置点（剔除野值点后）一一对应的 ADS-B 位置点 N 个，则可以估计出雷达系统误差为

$$\Delta r = \frac{\sum\limits_{i=1}^{i=N}(r_{p,i} - r_{a,i})}{N} \tag{7.12}$$

然而，这种方法没有考虑 ADS-B 本身的数据误差，在对精度不高的雷达进行系统误差标定时尚可满足要求，但对于高精度雷达就会出现误差估算不准、波动幅度大等问题。下面提供两种对高精度雷达进行系统误差标定的方法。

$$\Delta \varphi = \frac{\sum\limits_{i=1}^{i=N}(\varphi_{p,i} - \varphi_{a,i})}{N} \tag{7.13}$$

$$\Delta \theta = \frac{\sum\limits_{i=1}^{i=N}(\theta_{p,i} - \theta_{a,i})}{N} \tag{7.14}$$

7.4.2　基于 ADS-B 固定误差最小影响的雷达系统误差标定方法

我们知道，ADS-B 固定误差在雷达坐标系下的投影在目标飞行的各个阶段是不同的，且在斜距、方位、仰角上的投影并不同时达到最小，所以选择固定误差在斜距上投影最小时对雷达测距误差进行标定（此时也是对测俯仰角误差进行标定的最佳时机）。由于此时将 ADS-B 斜距作为真值，需要估计出 ADS-B 斜距的精度，从而确定该方适合对哪些精度范围的雷达进行标定。按照本章中 $\mathrm{const}_{JK} = 0.2$，这些 ADS-B 斜距数据的精度为 $L_D \mathrm{const}_{JK}$，通常情况下，测量设备的精度应是雷达精度的 5 倍以上。所以，此方法对测距精度大于 $5L_D \mathrm{const}_{JK}$ 的雷达适用。以 $L_D = 100\mathrm{m}$ 为例，适用于测距精度大于 100m 雷达。当然，如果在测试数据充裕的情况下，也可降低 const_{JK} 的值，以用于对更高精度雷达的斜距误差标定。

在固定误差在方位上投影最小时对雷达测方位误差进行标定，有

$$\Delta\varphi = \frac{\sum\limits_{i=1}^{i=M}(\varphi_{p,i} - \varphi_{a,i})}{M} \tag{7.15}$$

式中：M 与式（7.11）中取值一致。这些 ADS-B 方位数据的精度为 $\dfrac{180L_D\sqrt{1-\text{const}_M{}^2}}{\pi r_i}$，

对测方位精度大于 $\dfrac{5\times180L_D\sqrt{1-\text{const}_M{}^2}}{\pi r_i}$ 的雷达适用。以 $L_D=100\text{m}$，$\text{const}_M=0.8$，

$r_i>100\ \text{km}$ 为例，适用于测方位精度大于 0.2° 的雷达。

在固定误差在俯仰角上投影最小时对雷达测俯仰角误差进行标定，有

$$\Delta\theta = \frac{\sum\limits_{i=J}^{i=K}(\theta_{p,i} - \theta_{a,i})}{(K-J+1)} \tag{7.16}$$

式中：J、K 取值与式（7.10）中取值一致。由于 L_D 在俯仰角上的投影量很小，ADS-B 俯仰角精度主要由其高度数据的精度（一般为 15m）决定，对测俯仰角精度大于 $5\times180\times\dfrac{15}{\pi r_i}$ 的雷达适用。以 $r_i>20\text{km}$ 为例，适用于测俯仰角精度大于 0.22° 的雷达。

7.4.3 雷达系统误差标定新方法

通常情况下，对一部雷达进行误差标定需要更高精度的测量设备。但从上面对 ADS-B 数据的误差特性分析可以看出，ADS-B 数据的误差和雷达测量误差并没有必然的相关性，而在某些特殊时刻两者表现出近乎正交的特点（比如在飞机离雷达最近时，ADS-B 斜距误差几乎为 0；飞机相对雷达径向飞行时，ADS-B 方位误差几乎为 0 等）。该方法以这些点为突破口，估计出仅有 ADS-B 数据无法得到的 ADS-B 自身的误差参数，进而对 ADS-B 数据进行动态修正，提高其精度以用于对高精度的雷达进行误差标定。

从上面的讨论中知道，由于 ADS-B 位置数据对于高精度雷达来说并不能直接当作真值进行处理，而是存在着固定误差和随机误差。所以，若要利用 ADS-B 对雷达作系统误差标定，需要对 ADS-B 固定误差进行修正以提高其精度。本节所提出的雷达系统误差标定新方法正是基于这样的思想，通过精确估计 ADS-B 位置数据的固定误差，动态地修正其投影在斜距、方位角、俯仰角上带来的误差，同时对由于目标回波中心变化给雷达带来的测量误差进行修正，利用大量的数据作统计平均消除随机误差（包含 ADS-B 随机误差及雷达随机误差）带来的影响，最终稳健地估算出雷达系统误差。

雷达系统误差标定新方法的步骤描述如下。

（1）选择目标批次。从上面的分析中知道，需要通过位置①的数据估算出 L_D 的值，而这需要先利用位置②的数据大致估算出雷达测距系统误差。所以，目标的飞行航迹需要包含位置①和位置②。

（2）对所有符合步骤（1）中的民航目标利用式（7.10）分别估算出雷达测距误差并求均值，得到雷达测距系统误差的初值。

（3）利用步骤（2）中结果根据式（7.11）估计出各民航目标因为不可补偿时延引入的 ADS-B 位置数据固定误差 L_D。

（4）根据 ADS-B 报文中民航飞机的 ICAO 号查询每个目标的尺寸，估计 L_F 的值，计算 L_D、L_F 投影到雷达斜距、方位角、俯仰角的误差，并分别对各批次 ADS-B 数据（雷达坐标系下）与雷达数据之差作联合修正。

（5）对各批次数据修正后的斜距差分别求均值，再对所有批次得到的雷达测距系统误差求平均迭代步骤（2）的结果，重复步骤（3）和步骤（4）。

（6）对各批次数据修正后的斜距差、方位差、俯仰角差求均值，再对所有批次得到的雷达测距系统误差、测方位系统误差及测俯仰角系统误差求平均，最终得到此雷达系统误差的精确估计值。

由于对 ADS-B 和雷达数据之差进行了联合修正，基本消除了 ADS-B 固定误差及目标回波中心变化带来的影响，剩下的主要是 ADS-B 的随机误差，通常认为 ADS-B 系统的定位误差和编码误差之和为 10m。按照图 7.5 所示的运动模型，该方法可以为测距精度大于 50m、测方位精度大于 0.05°、测俯仰角精度大于 0.1° 的雷达提供标校。

利用此方法对某型标称测距精度为 50m、测方位精度为 0.1°、测俯仰角精度为 0.3° 的雷达实测数据进行处理。首先对 ICAO 号为 78078C 的目标处理结果做出说明。ADS-B 和雷达获得的目标航迹如图 7.9 所示，可以看出其符合图 7.5 的目标运动模型的特征。点表示 ADS-B 数据，圆圈表示雷达数据。

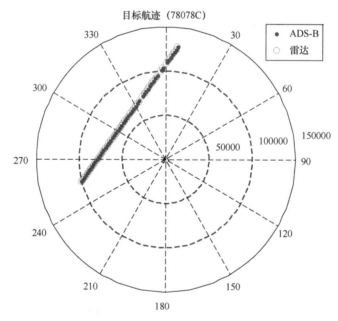

图 7.9 ADS-B 和雷达获得的目标航迹

对雷达数据与 ADS-B 数据之差作联合修正的效果如图 7.10 所示，可以看出原始测距差在趋势上符合 7.2.3 节中的理论分析；经修正后的测距差围绕某个固定值波动，对修正后的测距差求均值即可基本消除 ADS-B 及雷达的联合随机误差，从而估算出雷达测距的系统误差。修正后的方位差也更接近于围绕某个固定值波动。由于 ADS-B 固定误差及目标回波中心的变化在俯仰角上的投影较小，故对俯仰角差的修正效果有限。

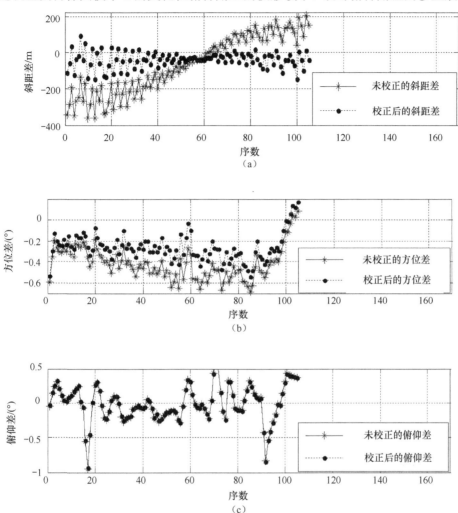

图 7.10　对雷达数据与 ADS-B 数据之差作联合修正的效果

（a）对雷达数据与 ADS-B 数据斜距之差作联合修正的效果；（b）对雷达数据与 ADS-B 数据方位之差作联合修正的效果；
（c）对雷达数据与 ADS-B 数据俯仰之差作联合修正的效果。

　　对录取的 6 个批次的数据进行处理，都表现出和 ICAO 号为 78078C 一致的特性，各批次数据对雷达系统误差的估算结果如表 7.1 所列。可以看出，利用该方法对各批次数据处理得到的测距系统误差具有较好的一致性，最大值和最小值的偏差在 5m 以内；测方位系统误差更是精确到了小数点后第 4 位；各批次得到的测俯仰角系统误差并不太一致，是因为雷达测俯仰角误差更多地表现为随机误差，而该方法主要是对固定误差的修正，且修正有限，需要从其他方面进行研究。

表 7.1　各批次数据对雷达系统误差的估算结果

ICAO	距离误差/m	方位误差/(°)	俯仰误差/(°)
78078C	−41.4473	−0.2622	0.1087
780B4F	−37.7804	−0.2626	−0.0023
7809B3	−40.2763	−0.2628	−0.1480
78072D	−36.9065	−0.2631	−0.1433
7807A1	−37.2378	−0.2621	−0.1452
780656	−39.6632	−0.2625	−0.0938

7.4.4　雷达系统误差标定方法性能对比分析

在本节介绍了传统雷达系统误差标定方法（方法 A），同时提出了基于 ADS-B 固定误差最小影响的雷达系统误差标定方法（方法 B）以及雷达系统误差标定新方法（方法 C）。采用 3 种方法对上述 6 批次的实测数据进行处理，得到不同方法下不同批次数据对雷达测距系统误差、测方位系统误差及测俯仰角系统误差的估计值，图 7.11 所示为 3 种标定方法对不同批次数据标定的结果。

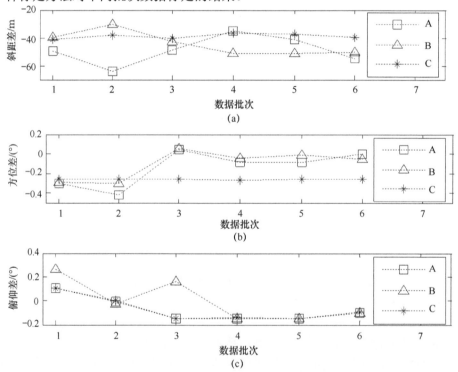

图 7.11　3 种标定方法对不同批次数据标定的结果

（a）3 种标定方法对不同批次数据标定的斜距差；（b）3 种标定方法对不同批次数据标定的方位差；（c）3 种标定方法对不同批次数据标定的俯仰差。

可以看出利用各批次数据对测距误差、方位误差的标定结果，方法 C 表现出很好的一致性（每批数据得到的结果基本一样），说明该方法更为稳健。对于俯仰误差的标定，从上文中知道方法 C 的修正有限，得到的结果也表明方法 A 和方法 C 性能差别不大，但由于方法 B 参与估算的数据量较少，故性能略有下降。

最后，得到该雷达的系统误差标定结果是测距误差为-38.9m；方位误差为$-0.263°$；俯仰误差为$-0.071°$。

通过上述分析，可以得出以下结论。

（1）常规方法在对雷达进行标校时，把 ADS-B 数据当作真值，未考虑到 ADS-B 存在位置误差的问题，而是对所有批次的估算结果求均值。这样的结果是每个批次数据得出的结果不一致，不能让人信服。盲目地将所有的数据纳入统计并不能提高估算的准确性，加入那些质量不高的数据反而降低了估算的精度。

（2）基于 ADS-B 固定误差最小影响的标定方法，考虑到了 ADS-B 位置误差给雷达标定带来的影响，在分别对雷达测距、测方位、测俯仰角误差进行标定时选取 ADS-B 固定误差对标定影响最小的一部分点进行处理。在一定程度上避免了 ADS-B 固定误差给测距误差及测方位误差估算带来的影响，但同时也减少了参与估算的数据量，使得在对测俯仰角误差估算时得到的结果波动更大。

（3）雷达系统误差标定新方法，同时考虑到 ADS-B 固定误差及目标回波中心在目标飞行的不同阶段对误差估计的影响，并通过建立动态联合修正模型对雷达与 ADS-B 的测距差、测方位差、测俯仰角差作修正，去除了两者对误差估算带来的影响，同时也保证了参与估算的数据量，对雷达测距、测方位系统误差的估算更为稳定、准确，但由于 ADS-B 位置固定误差及目标回波中心的变化对俯仰角的影响有限，故对测俯仰角误差的标定性能提升有限，还需作进一步的研究。

总的来说，雷达系统误差标定新方法的性能明显优于其他两种方法，但对有效数据量的要求相对多一些；基于 ADS-B 固定误差最小影响的标定方法优于传统标定方法，在录取数据不能满足雷达系统误差标定新方法的条件时，可采用此种方法进行系统误差标定。

7.5　小　结

本章对 ADS-B 用于雷达标定的方法作了详细分析，得到以下结论。

（1）ADS-B 数据存在误差，不能直接用于对高精度雷达系统的误差标定。

（2）对 ADS-B 固定误差及目标回波中心进行动态联合修正后，可以用于对精度更高的雷达进行系统误差标定。

（3）对雷达标定所采用的数据需要满足一定的条件，不能盲目参与估算。

（4）本章提出的雷达系统误差标定新方法可以有效提高标定结果（斜距、方位）的可靠性和稳定性。

参 考 文 献

[1] 何友, 王国宏, 陆大金, 等. 多传感器信息融合及应用 [M]. 2 版. 北京: 电子工业出版社, 2007:1-11.

[2] Portas J A B, Herrero J G, Miguel V G. Radar bias correction based on GPS measurements for ATC applications[J]. IEE Proceedings-Radar, Sonar and Navigation, 2002, 149(3):137-144.

[3] 楼宇希. 雷达精度分析[M].北京: 国防工业出版社, 1979: 7-11, 20-135.

[4] He Y, Zhu H W, Tang X M. Joint Systematic error estimation algorithm for radar and automatic dependent surveillance broadcasting[J]. IET Radar, Sonar and Navigation, 2013, 7(4):361-370.

[5] 李宗武. 一种新的机载雷达标校方法[J]. 现代雷达, 2001, 23(2): 3-5.

[6] 吴振亚, 王明辉, 张瑞平, 等. 一种基于 ADS-B 的雷达误差实时融合校正算法[J]. 西南交通大学学报, 2013, 48(1): 102-106.

[7] BESADA J A, Garcia J, Soto A, et al. On-line sensor calibration for airport data fusion[C]. IEEE Radar Conference，2004:175-180.

[8] 程擎, 张澍葳. ADS-B 与雷达数据融合的关键问题分析[J]. 科学技术与工程, 2011, 11(25): 6237-6241.

[9] 孙国政, 王索建, 董扬. 基于 ADS-B 数据的雷达精度测量方法[J]. 现代雷达, 2011, 33(2): 18-21.

[10] 蒋乃欣, 张军, 罗喜伶, 等. ADS 与多雷达数据融合中的系统误差配准法[J]. 北京航空航天大学学报, 2005, 31(1): 78-81.

[11] 刘伟, 黄智刚, 张军, 等. 星基 ADS 与雷达误差标准算法的研究[J]. 航空学报, 2006, 27(1): 120-124.

[12] 丛丽, Ahmed I A, 谈展中. 卫星导航几何因子的分析与仿真[J]. 电子学报, 2007, 34(12): 2204-2208.

[13] 乔立争, 曾元鉴. GPS 定位误差分析与建模[J]. 海军工程学院学报, 1996, 3(1): 45-51.

[14] 蓝悦明, 贾媛. GPS 观测值误差分布研究[J]. 测绘通报, 2008, 4(1): 12-13.

[15] 程擎. ADS-B 延时时间计算方法的可行性分析[J]. 计算机应用, 2012, 32(09): 2664-2666.

[16] 范凯, 刘钝. 全球导航卫星系统在民用航空中的应用[J]. 全球定位系统, 2011, 36(1): 67-71.

[17] Cantrell B H, Grindlay A, Dodge C H. Formulation of a platform-to-platform radar integration system[R]. NASA STI/Recon Technical Report N, 1976, 77(1): 22-22.

[18] 唐小明, 王贞杰, 张涛. 基于飞机降落信息的 ADS-B 数据跟踪算法[J]. 电讯技术, 2011, 51(8): 46-50.

[19] 何友, 修建娟, 张晶炜, 等. 雷达数据处理及应用 [M]. 2 版. 北京: 电子工业出版社, 2009: 66-80.

第8章 ADS-B雷达动态性能标校系统研制

如果实时接收空中民航飞机 ADS-B 播报的静态数据（包括 S 模式号、航班号、机型、航空公司、国别等）和动态数据（包括飞机的经纬度、速度、高度和导航精度、飞行状态等信息），经过数据筛选、坐标变换等预处理后能够与雷达探测的同批次目标的距离、方位及俯仰数据进行比对分析，给出雷达测量误差和航迹跟踪性能分析报告，可用于雷达外场调试的性能校验、出厂（所）对空探测试验、雷达修理前后战术性能指标检验、雷达训练演习中机动性能标校与检验以及异常空情事件中装备性能检验等。

为此，本章主要介绍基于 ADS-B 的雷达动态性能标校系统的研制情况，包括系统的方案设计、系统样机组成、功能、技术指标、设计验证、关键技术等。

8.1 方 案 设 计

ADS-B 雷达动态性能标校系统设备按模块化进行设计，通过模块间的不同组合及扩充，完成雷达战术性能的检测。图 8.1 所示为基于 ADS-B 信息的雷达标校设备系统框图，系统共由 7 个软硬件模块组成，分别是 ADS-B 数据接收模块、GPS 接收模块、雷达数据实时馈入模块、ADS-B 与雷达目标监控平台、ADS-B 与雷达数据比对处理模块、误差分析和校准建议模块、雷达性能标校报告生成模块。

（1）ADS-B 接收模块。主要完成对空中民航信息的实时接收、解码处理等工作。首先将天线接收到的电磁波信号通过低噪声功率放大器进行一级放大后，再通过多级滤波处理，得到有用信号，再经检波器检波处理，并通过运放与比较器将模拟信号数字化，最后用微处理器检测信号标志并将解码后的 ADS-B 信息传递给应用软件进行显示等数据处理。

（2）GPS 接收模块。对接收到的民航数据标注时间戳信息，同时定位 ADS-B 接收机的位置信息，方便查看民航目标相对于接收机的距离和方位信息，并为民航飞机数据外推的数据处理过程提供时间同步信息。

（3）雷达数据实时馈入模块。在不影响雷达正常工作的前提下，通过雷达现有的数据上报口，将不同格式的雷达数据通过不同传输方式（串口 RS232/RS422、电话线调制解调方式、TCP/IP 网络方式）馈入目标监控平台中。目前各个厂所的雷达情报上报口数据格式固定为几种，但物理连接形式比较多，因此要研制相应的适配器来完成此项工作。

（4）ADS-B 与雷达目标监控平台。能够实时跟踪 ADS-B 与雷达探测的目标，可以观测到空域中民航目标的静态（航班、机型、国别、航空公司等）和动态（距离、方位、经度、纬度、高度、地速和空速等）信息，观测雷达对目标的探测性能，通过选择有利于雷达性能标校的目标批次，方便完成对雷达性能的标校与评估。

（5）ADS-B 与雷达数据比对处理模块。通过建立一种数据比对处理模型，对实时接收的 ADS-B 和雷达数据进行匹配处理，将两者的距离–方位、距离–俯仰角数据绘制成数据比对曲线，能够直观地看到雷达相对 ADS-B 真值的误差值，为最终雷达性能标校报告的生成提供数据支持。

（6）误差分析和校准建议模块。通过数据比对处理过程，对数据处理的结果进行误差分析，得出数据误差的结果，并对误差结果进行距离、方位和俯仰维的系统分析，寻找雷达性能标定后误差的来源，给出误差校准建议。

（7）雷达性能标校报告生成模块。在雷达性能标校完毕之后，系统自动给出雷达性能标校报告。

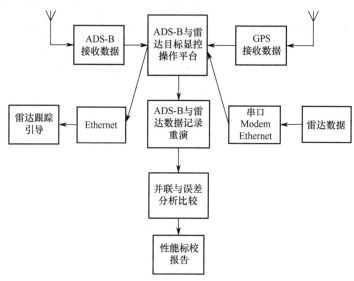

图 8.1　基于 ADS-B 信息的雷达标校设备系统框图

雷达标校工作流程如图 8.2 所示。

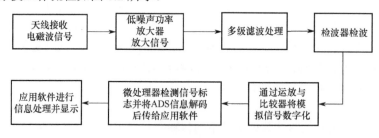

图 8.2　雷达标校工作流程

8.1.1　硬件设计

为了实现资源与功能的有效结合，硬件设计方案采用 ARM 和 FPGA 硬件核心资源，完成硬件平台的搭建。其中，ARM11 内核的三星 S3C6410 处理器的主频高达 667MHz，FPGA 则采用 Xilinx 公司的 SPARTAN3E-XC3S1200E 作为信号解码及时间提取的核心处理器件，同时以 VHDL 硬件编程语言编码，进行时序逻辑控制和算法实现。

FPGA 与 ARM 硬件体系技术在时序逻辑控制和数据处理方面有优势，能够实现多任务并发系统的研发，同时能够提高系统整体的可靠性。雷达标校设备采用 PC104 总线技术，实现了基于 Linux DM9000 的网络编程通信，完成 ARM 与 FPGA 的通信。具体包括串口通信技术、电话线通信技术，实现多任务的实时处理。

ADS-B 数据接收系统及天线设备组成如图 8.3 所示，具体包括：微波信号接收前端组件，用于提高信号的质量，便于数据采集板的接收和解码；ADS-B 双通道数据采集板，用于实时接收民航目标播报的数据，并作解码处理；Resional 鼠标键盘显示器一体机，ADS-B 雷达标校设备天线两套：高增益板状天线，大小为 125cm×20cm；增益为 12dB；波束宽度，水平 120°，垂直 10°；带微波电缆 15 m，N 型接头；板状天线固定架，高精度 GPS 接收器；GPS 天线固定架；高精度时间戳生成器，精确到毫秒；EVOC-IPC911B 工控机；鼠标键盘显示器一体机。

图 8.3　ADS-B 数据接收系统及天线设备组成

8.1.2　软件设计

在设备研制过程中主要采用 Windows 编程技术、Qt 跨平台图形界面开发框架以及 C++语言开发等技术，有效地实现了软件最大性能的发挥，达到了预期的效果，其中 Windows 编程所采用的多任务和多线程开发技术，能够使程序运行更快、更流畅；动态链接库技术能够使软件功能更强，开发结构和思路更清晰；设计模式，能够使代码编制真正工程化，更易于设计与维护。

Qt 是一个跨平台 C++图形用户界面应用程序开发框架。它既可以用于开发 GUI 程式，也可用于开发非 GUI 程式，如控制台工具和服务器。Qt 是面向对象语言，易于扩展，并且允许组件编程。Qt 的良好封装机制使得 Qt 的模块化程度非常高，可重用性较好，对于用户开发来说是非常方便的。Qt 提供了一种称为 signals/slots 的安全类型来替代 callback，这使得各个元件之间的协同工作变得十分简单，其丰富的 API 和大量的开发文档，都给开发应用程序带来了极大的方便，也提高了程序开发的效率。

基于以上技术开发的雷达标校软件，能够运行在 Windows 平台体系下，拥有良好的用户交互界面，同时可扩展 AIS 船舶导航信息，实现了空中飞行器、海上船舶等信息的综合馈入显示，具有强大的综合信息处理能力，满足了对空警戒雷达、目标跟踪引导雷达、炮瞄雷达以及多体制雷达的误差标定、战术性能评估等要求，具有重大的军事和经济效益。

在以上设计思想的指导下，结合标校需求分析，确定基于 ADS-B 的雷达标校系统按模块化进行设计，通过模块间的不同组合及扩充，完成雷达战术性能的标校，得到的 ADS-B 与雷达目标监控平台如图 8.4 所示。

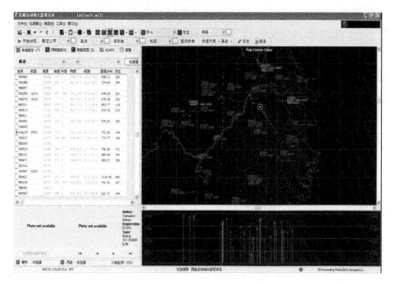

图 8.4　ADS-B 与雷达目标监控平台

监控中心的数据服务器主要完成数据的采集与转发，为了实现这些功能，方便操作员对数据进行管理和控制，在监控软件中集成控制应用平台，该控制台部分主要分为硬件连接、雷达数据输入、数据输出、目标信息及生成报告五大部分，图 8.5 所示为控制台雷达数据输入界面。

硬件连接部分主要完成对三通道 ADS-B 数据的接收，以及高精度 GPS 信息的接收与时间戳信息的标记处理。雷达数据输入部分则提供了雷达上报数据的多种方式，如调制解调器方式、RS232/422 串口数据传输方式以及 UDP 网络传输方式等，图 8.6 所示为控制台数据输出界面。

数据输出部分为了方便完成 ADS-B 数据与雷达数据的比对，一方面可以将雷达数据馈入到 ADS-B 雷达标校设备中，另一方面也可以将 ADS-B 接收解码的数据通过网络端口输出到其他设备中，如将数据馈入到雷达中。数据同样采用 UDP 协议传输。因此，需要指定 ADS-B 数据接收方的 IP 地址和端口号。

为了将一些易于雷达标校的目标分批次发送给雷达，需要获取接收到的民航目标批次信息，如图 8.7 所示，在目标批次信息中同样也可以看到目标的距离、方位、经度、纬度、高度等信息，同时还可以看到飞机的类别、速度、航向，以及下传数据的精度级别NUC 等。

128

图 8.5　控制台雷达数据输入界面

图 8.6　控制台数据输出界面

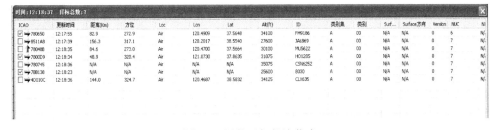

图 8.7　民航目标批次信息

　　为了能够准确提供比对的数据，在进行数据比对时，需要详细了解民航数据的准确性以数据点的高质量性。控制台目标信息窗口提供了该项功能，图 8.8 所示为指定目标信息显示，在目标信息窗口中，能够显示跟踪目标的相关信息，如 ADS-B 目标相对于以 GPS

测量的经、纬度中心位置在不同坐标体系下的参数信息，如目标的经度、纬度和高度及其相对 GPS 测量点的距离、方位和俯仰以及转换后的直角坐标系下的 X、Y 和 Z 坐标。

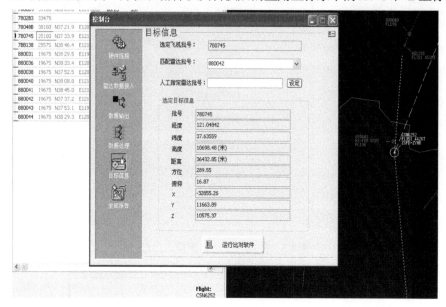

图 8.8　指定目标信息显示

图 8.9 所示为两部雷达探测数据与 ADS-B 接收的同批目标数据的比对情况。ADS-B 雷达标校软件采用一套算法机制，可以直接给出 ADS-B 数据与雷达数据的比对处理结果。

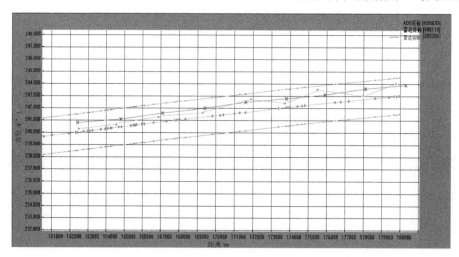

图 8.9　两部雷达探测数据与 ADS-B 接收的同批目标数据的比对情况

8.1.3　系统结构设计

1. 系统结构设计原则

结构设计需要综合考虑散热、电磁兼容性、防冲振、可维护性等。创造使设备正常、

130

可靠工作的良好环境。具体要求如下。

（1）充分贯彻标准化、通用化、系列化、模块化要求。

（2）人机关系协调，符合有关人机关系标准，使操作者操作方便、舒适、准确。

（3）设备具有良好的可维护性，需经常维修的单元必须具有良好的可拆性。

（4）结构设计必须满足设备对强度、刚度的要求，并应该尽量减少重量、缩小体积。

（5）尽量采用成熟技术，采用成熟、可靠的结构形式和零、部件。

2．基于军用减震机箱的一体化结构

图 8.10 所示为军用减震机箱的结构。在结构上为了保证系统中各个单元的稳固与整体性能的发挥，系统采用一体化军用减震机箱设计。

基本参数如下：

（1）内部空间 5U。

（2）颜色：浅灰色或军车绿。

（3）外形尺寸为 790mm×680mm×370mm。

（4）承重：机箱在标准配置下的承重能力为 60kg。

（5）设备安装脚轮，便于运输。

（6）减震机箱密封，具有防尘、防沙、防潮功能。

3．一体化军用减震机箱组成

图 8.10　军用减震机箱的结构

减震机箱箱体：是雷达标校设备加装的主体单元，它由玻璃钢材质制成，具有结构强度高、密封性好、安装及运输方便的特点。

密封箱盖：设备共有前后两个密封箱盖，每个密封箱盖四角安装快速闭合锁，与箱体配合完成箱体密封的作用，实现箱设备防尘、防沙和防潮的功能。

内置 19in 机架：是内置于箱体内的仪器安装机架，它符合 19in 工业标准，适用于各种标准结构的通用仪器和专用设备的安装。

内置减震装置：由 8 个减震器件构成，采用上下各 4 个 45° 斜拉支撑安装方式，将内置机架与箱体连接，实现内置机架与箱体间的隔震作用。

4．系统设备线缆连接方案

为了方便系统各个信号线缆之间的连接，在系统结构设计之初考虑到所有的信号线缆以及线缆所采用的接口标准格式，图 8.11 所示为系统外部线缆连接的方式。

8.1.4　系统供电

电源供电是 ADS-B 雷达标校系统的重要组成部分，电源故障会导致整个系统崩溃。综合考虑后，用到的电源有 3 种：一是给天线接收端低噪声功率放大器的+12V 直流供电电源；二是给内部接收机使用的+5V 直流供电电源；三是给终端显示工控一体机使用的 220V 交流电源。为了简化外部电源的供电环节，系统内部设计电源转换模块，直接由 220V 交流电源转化成直流+12V 与+5V 电源。因此，外部电源可通过直接引入 220V 市电使用。

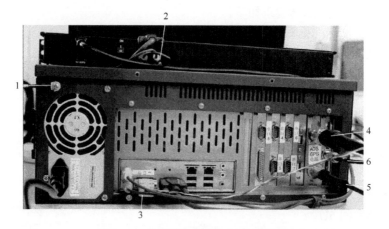

图 8.11　系统外部线缆连接的方式

1—雷达标校设备接地线；2——一体机显示器、键盘和鼠标连接线（VGA、PS/2）；3—雷达数据馈入接口（串口1）；

4—ADS 天线馈线输入端（N 型接口）；5—ADS 天线供电端口（DC 12V）；6—GPS 天线连接端口（TNC 接口）。

ADS-B 雷达标校主设备在使用中，可以非常方便地将 220V 电源引入主设备使用。内部接收机的供电模块已经集成化，无需连接外部线缆。唯一需要连接的是给 ADS-B 天线端供+12V 电压的外部电缆。由于 ADS-B 接收天线安装在室外，需要对天线、供电电缆及其电源和信号接口作防水、防尘及防锈蚀处理。

在系统供电设计方案中，着重需要注意的一点是设备接地问题。在前期的试验中，由于设备未接地，且引入的 220V 交流电源中多数未含接地线，导致设备重要部件损坏，影响了设备的正常使用。因此，系统供电中，应着重注意接地的重要性。

8.2　系 统 样 机

ADS-B 雷达动态性能标校系统包括试验场基站式 ADS-B 雷达动态标校测试系统和 ADS-B 便携式雷达标校设备各一套。

8.2.1　试验场基站式雷达动态标校及性能测试系统

试验场基站式 ADS-B 雷达动态标校测试系统主要由基站设备、态势显示及数据分析中心、雷达数据比对终端、信息传输与分发设备组成。为提高 ADS-B 目标的接收能力，可将 ADS-B 接收天线架设在一定高度的塔或建筑物上，使空域覆盖范围从 350km 提高到 450km，满足雷达性能测试对目标距离、方位和数量的需求。

1.　基站设备

图 8.12 所示为试验场塔及天馈单元架设情况，基站设备主要为 ADS-B 三通道接收天线、GPS 天线、冗余备份天线、信号处理单元、通信授时单元、防雷器件组成。图 8.13 所示为基站式雷达标校系统接收分机，图 8.14 所示为塔上信号接收解码处理单元及板卡，通过对 ADS-B 数据接收和融合，实现良好的全向覆盖，提高 ADS-B 的数据接收能力和系统数据率。

图 8.12　试验场塔及天馈单元架设情况

图 8.13　基站式雷达标校系统接收分机

2. 态势显示及数据分析中心

图 8.15 所示为综合显控及数据中心。它主要由数据处理服务器、标校软件控制与数据分析、投影显示设备组成，其中数据处理服务器采用专用 GPU 数据运算服务器解决方案，实现对 ADS-B 数据或 ADS-B 便携式雷达标校设备输入的 ADS-B 数据多位码元实时纠错、坐标变换、数据外推。

标校软件控制与数据分析部分主要实现通道数据筛选控制、通道信息融合、雷达数据馈入、ADS-B 数据输出、误差比对分析。投影显示设备为 65in 大屏幕，满足雷达性能检验、数据分析专家评审、实时与数据后处理标校的需求。

图 8.14　塔上信号接收解码处理单元及板卡

图 8.15　综合显控及数据中心

3．雷达数据比对终端设备

图 8.16 所示为便携式标校终端。它能够通过网络传输接收数据处理服务器分发 ADS-B 信息，实现空域 ADS-B 信息共享，同时在终端能够方便地实现雷达性能标校、误差分析记录、目标分类识别等。标校终端为手持式终端，可以方便接入雷达动态精度验证系统网络中，并且将雷达数据接入，实现雷达标校、性能评估。

4．信息传输与分发

信息传输与分发由光电交换机、光纤组成，实现塔上 ADS-B 数据到数据服务器的传输，同时可接入一路雷达阵地的数据，实现实时标校比对的功能。ADS-B 与雷达数据通过电话加密传输模块传输至试验场。

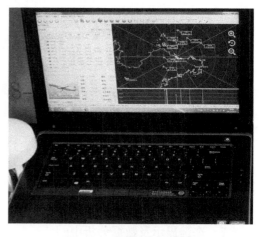

图 8.16　便携式标校终端

此外，基站雷达标校设备核心接收板卡和便携式雷达标校设备已通过高低温试验。其中试验温度为：高温 82℃，低温−56℃。

8.2.2　便携式 ADS-B 雷达动态标校设备

便携式 ADS-B 雷达动态标校设备由窄带 ADS-B 接收天线、GPS 接收机与天线、ADS-B 信号处理主机单元、标校软件、光纤传输设备、便携式加固计算机和三防箱组成，其中 ADS-B 接收机动态范围为 70 dB，接收目标距离可达 300km。

光纤传输设备：单模光纤、光电转换器，满足远距离网络数据传输需求。

便携式加固计算机：固态硬盘，8GB 内存，酷睿 i7 处理器，用于软件显示、数据处理、比对结果显示，可将 ADS-B 数据发送给雷达，也可接收雷达发送的数据。

8.3 系 统 功 能

8.3.1 ADS-B 雷达动态标校测试系统功能

ADS-B 雷达动态标校测试系统基于民航飞机实时广播的位置信息作为真实数据，通过 ADS-B 信息的接收和解码处理、数据比对分析以及根据第 7 章的方法实现雷达的动态标校、目标跟踪与识别测试功能。

8.3.2 试验场基站式雷达动态标校及性能测试系统功能

试验场基站式雷达动态标校及性能测试系统功能如下。

1. 雷达性能动态标校

根据空间分布的不同高度层、不同距离段、不同机型和飞行参数的民航目标探测的回波情况（ADS-B 便携式雷达标校设备输入的 ADS-B 数据），估计雷达的威力范围，反映情报雷达的收发系统、天线方向图、地形以及多径效应对威力范围和目标识别的影响。

标定系统基准误差，如雷达正北基准、海拔高度基准、距离基准的精确度。

在整机调试中，通过对比雷达所能探测到的民航目标的概率，估计目标探测的总体性能，对比观察多批目标来调试雷达的工作模式和参数。

精确分析、估计系统测量误差：通过解算比对民航飞机的参数和雷达的测距、测角和测高参数，精确地获取距离、角度和高度上的测量误差。

试验场基站式雷达动态标校及性能测试系统具有远程数据输入和输出的功能，可扩展为以试验场为中心方圆 500 km 内的雷达提供远程标校服务，除了用于标校外，还能用于其他雷达的特殊调试需求，比如为某些雷达提供精确目标指示和高度基准。

2. 性能分析与测试

接收雷达站周围空域飞机发出的 ADS-B 信号（如位置、标识码、机型、航向、速度及时间戳等），提供给雷达终端以显示覆盖雷达空域内民航飞机态势，通过与雷达数据进行有效关联，辅助雷达建立航迹和识别目标，检验对周边空域整体态势监视的准确性、完整性，对目标宽带成像和综合识别能力。

通过全航迹上的捕捉分析，发现航迹异常，来分析雷达对机动、加速、低空与海上目标的探测性能，调试雷达的工作模式和参数。此外，还可以监测雷达动态性能功能，在雷达终端作为雷达实时的动态性能检测手段，一旦发现问题，告警并停止情报上传。

3. 目标模拟测试

将特定飞机、舰船的真实探测数据作为模拟数据源，馈入到雷达系统，测试雷达的系统性能。直接利用实时接收的民航、民船数据作为目标模拟数据源，构建雷达系统目标模拟测试的综合平台。

4. 数据仿真分析

具有不同类型雷达的典型参数、测试数据和不同环境信息，对雷达的不同参数和环境下的探测性能、跟踪精度进行分析，并结合实测 AIS 和 ADS-B 数据形成数据仿真分析报告和综合识别结果报告。具有典型目标识别数据库提供目标静态（机型、长度等目标特征信息），结合实时输出的速度姿态等动态特征信息，作为雷达宽带成像的参考特征，对目标识别结果进行测试和评估。

5. 状态监测功能

对测试系统的各模块、接口等工作状态进行监测，并通过指示灯显示工作状态。

8.3.3 便携式 ADS-B 雷达标校设备功能

1. 雷达性能动态标校

根据空间分布的不同高度层、不同距离段、不同机型和飞行参数的民航目标探测的回波情况（有无、强度），来估计雷达的威力范围，反映情报雷达的收发系统、天线方向图以及地形对威力范围的影响。

标定系统基准误差，如雷达正北基准、海拔高度基准、距离基准的精确度。

在整机调试中，通过对比雷达所能探测到的民航目标的概率，估计目标探测的总体性能，对比观察多批目标来调试雷达的工作模式和参数。

精确分析、估计系统测量误差：通过解算比对民航飞机的参数和雷达的测距、测角和测高参数，精确地获取距离、角度和高度上的测量误差。

2. 数据仿真分析

便携式 ADS-B 雷达标校设备如图 8.17 所示，具有不同类型雷达的典型参数、测试数据和不同环境信息，对雷达的不同参数和环境下的探测性能、跟踪精度进行分析，并结合实测 AIS 和 ADS-B 数据形成数据仿真分析报告和综合识别结果报告。具有典型目标识别数据库提供目标静态（机型、船型、大小尺寸）信息，结合实时输出的速度姿态等动态特征信息，作为雷达宽带成像的参考特征，对目标识别结果进行测试和评估。

图 8.17 便携式 ADS-B 雷达标校设备

8.3.4 目标态势多模式实时显示

能够将接收到的 ADS-B 目标与雷达馈入的目标在界面中实时地显示出来，显示方式分为图 8.18 所示的地图显示模式、图 8.19 所示的 B 显模式和图 8.20 所示的雷达比对模式。

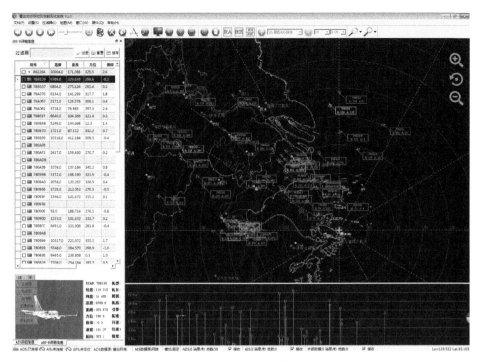

图 8.18　地图显示模式

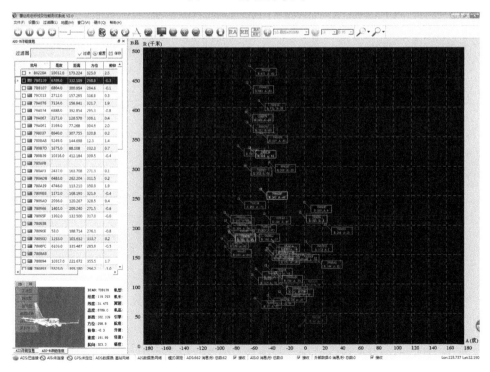

图 8.19　B 显模式

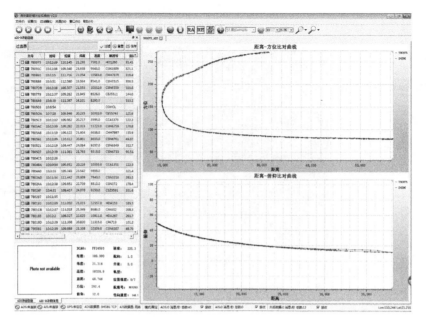

图 8.20　雷达比对模式

图 8.21　ADS-B 雷达动态性能标校系统支持定制化的雷达数据接口

8.3.5　雷达动态误差分析

图 8.21 所示为 ADS-B 雷达动态性能标校系统支持定制化的雷达数据接口，雷达探测的数据可以通过网口、串口等多种方式，反馈到本系统中。经过对 ADS-B 目标与雷达探测目标的分析，可以得出雷达探测性能，其距离-方位、距离-俯仰比对曲线如图 8.22 所示，雷达距离、方位、俯仰角一次差曲线如图 8.23 所示。本系统可以选择静平台或动平台两种模式，可同时对多批目标进行比对。

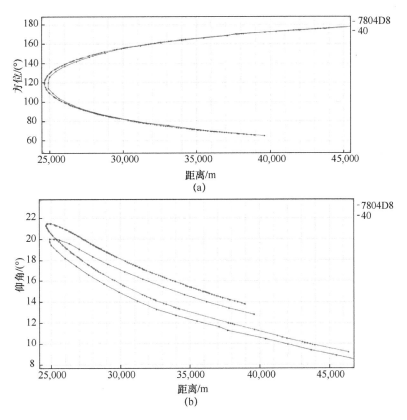

图 8.22　距离–方位、距离–俯仰比对曲线

（a）距离–方位比对曲线；（b）距离–俯仰比对曲线。

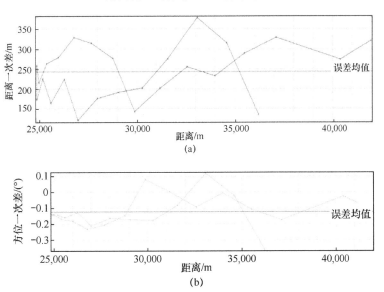

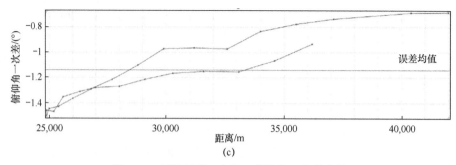

图 8.23　雷达距离、方位、俯仰角一次差曲线

（a）距离一次差曲线；（b）方位一次差曲线；（c）俯仰角一次差曲线。

8.3.6　数据的记录与回放

可以将民航目标 ADS-B 数据与雷达数据自动记录到文件中，也可以回放重演记录的历史数据，为数据的后续处理提供依据。

8.4　系统主要技术指标

8.4.1　试验场基站式 ADS–B 雷达动态标校测试系统技术指标

1. 对空探测精度指标

（1）时间精度。目标时间戳实测精度为 50ns，是指接收系统获得飞机目标报文的时间精度，ADS-B 在非同步的情况下可以将位置和对应的时刻精确到 100ms 内；在同步机制下可将位置和时间严格对应。

（2）目标位置精度。民航飞机在 NUC=7 时，目标位置精度小于 10m；民航飞机在 NUC=9 时，目标位置精度小于 3m。

（3）高度精度。GPS 测高误差 10m。

（4）探测威力范围。ADS-B 数据作用最远可以达到 500km，与天线架设的高度和环境有关系。

（5）目标数量。ADS-B 雷达标校设备接收目标的数量受当地空域中加装 ADS-B 发射设备的民航飞机的数量的影响。

（6）系统设计接收数量。1000 批，实测中，可以达到 200 个批次；

（7）数据频率。ADS-B 位置数据为 2Hz，速度数据率为 2Hz，基于当前时间、位置和速度信息可以得到精确地外推数据，数据率可以达到 50Hz 以上。

（8）报文包含信息项。时间、批号、S 模地址、目标呼号、机型、航向、速度、高度、经度、纬度、距离和方位等。

（9）ADS-B 民航目标标校精度。以 NUC 精度为 7 时为例，目标在 100km 处，距离精度<10m；方位精度：0.01°；仰角精度：0.01°；20km 为 5 倍精度：0.05°，满足雷达验证需求。

2. 总体性能指标

（1）多雷达数据比对分析。在雷达组网的情况下，可以同时为 5 部雷达的调试提供民航飞机数据，可以监控分析误差比对曲线并生成性能分析报告。

（2）数据接口形式。自动识别雷达数据上报格式，并按相关标准格式规定进行生成格式转换。

（3）比对数据包含以下信息：时间、批号、经度、纬度、距离、方位和高度，系统提供包括网络、串口等多种形式的端口，可以将解算的各类型民航目标数据通过这些端口 TCP/IP 或串口的方式向外发送。

（4）终端标校软件。能够通过网络接收数据处理服务器分发的 ADS-B 信息，实现空域 ADS-B 信息共享，同时在终端能够方便地实现雷达性能标校、误差分析记录、目标分类识别等。

8.4.2 便携式 ADS-B 雷达标校设备技术指标

1. 天馈指标

窄带 ADS-B 接收天线：1090MHz 全向抗干扰杆状天线；增益 5dB；驻波比<1.5，尺寸为 108×ϕ4cm。

2. GPS 接收机与天线

蘑菇头接收天线，馈线长 10m；用于便携式标校设备授时定位，定时精度为 20ns，水平定位精度（RMS）为 1.5m，数据更新率为 2Hz。

3. ADS-B 信号处理主机单元

高精度时间戳生成器用于便携式标校设备系统时间戳生成：50ns；

ADS-B 接收单元动态范围：70dB；采样率：60MHz（检波后采样）。

4. 对空探测精度指标

（1）时间精度。目标时间戳精度 50ns，是指接收系统获得飞机目标报文的时间精度，ADS-B 在非同步的情况下可以将位置和对应的时刻精确到 100ms 内；在同步机制下可将位置和时间严格对应，误差可忽略不计。

（2）目标位置精度。目标位置精度为 10m。

（3）高度精度。GPS 测高误差为 10m。

（4）探测威力范围。ADS-B 数据作用最远可以达到 300km，与天线架设的高度和环境有关系。

（5）目标数量。ADS-B 雷达标校设备接收目标的数量受当地空域中加装 ADS-B 发射设备的民航飞机数量的影响。

（6）系统设计接收数量。1000 批，实测中可以达到 200 个批次。

（7）数据频率。ADS-B 位置数据为 2Hz，可调至 50Hz。

（8）报文包含信息项。时间、批号、S 模地址、目标呼号、机型、航向、速度、高度、经度、纬度、距离和方位等。

8.5 可靠性工程

8.5.1 可靠性设计

本系统参照《武器装备质量管理体系认证介绍》（GJB 9001B—2009）的要求开展可靠性指标论证，建立可靠性模型，进行可靠性分配与预计，在产品实现过程中按程序文件进行可靠性控制等工作，建立故障报告、分析与纠正措施系统，并且为确保该系统的可靠性采用了多种可靠性设计方法。

为达到技术性能指标中关于可靠性的要求，本方案在元器件选择质量控制、降额设计及热设计等方面做了优化设计，关键元器件清单如表 8.1 所列，提高了整个系统的可靠性。

1. 元器件选择和质量控制方案

（1）根据试验外场的环境，元器件的质量等级按不低于工业级、军品级标准选取，并且在标准化部门制定的优选手册内选取。

（2）产品在使用中要经受高低温变化，处于湿热的环境中，同时要经历运输、贮存、振动、冲击的过程，所以选取元器件时采用宽温型、耐环境适应力强、防潮湿、防盐雾等抗恶劣环境的器件、模块。

（3）接收单元常处于复杂的电磁环境中，因而选用的元器件应具有抗电磁干扰、防静电能力。

2. 降额设计方案

关键元器件如 FPGA、高速 A/D 信号处理芯片均按《元器件降额准则》（GJB/Z 35）执行的降额等级的标准进行降额设计。

表 8.1　关键元器件清单

序号	名称
1	FPGA 芯片
2	高稳温补晶振
3	串行 Flash 存储器
4	双路低速 A/D 转换器
5	高速 A/D 转换器
6	射频变压器
7	射频低噪放
8	检波器
9	网络控制器芯片
10	DC-DC 稳压芯片
11	LDO 稳压芯片
12	GPS 模块

3. 热设计方案

功率器件按 GJB/Z27 热设计的情况。

（1）通过热计算进行合理配置，保证设备内部的温度均匀，避免局部升温过快影响设备工作，提高设备的可靠性。

（2）发热量大的插件采用加风扇、散热片等散热措施，保证电路板上产生的热量尽可能地散发出去，降低电路板的温度，保证器件工作在合理、稳定的范围内。

8.5.2 维修性设计

（1）确定本分系统产品的维修项目：AC-DC 电源模块维修、控制主板维修、射频前端模块维修。

（2）确定本分系统产品测试项目：AD-DC 电源输出电压检测、主板电源轨电压检测、网络连通性测试、射频前端测试、接收效果测试。

（3）维修方案：系统采用模块化设计，各子模块分工合作，出现故障时可通过分析确定出现故障的子模块，将其更换即可。

（4）测试方案：各模块内部电路板具有多项测试点，如电源轨测试点、时钟测试点等，使用各项测试仪器将其统一测试以确保内部电路正常。

电源轨测试点：D1.2V、D2.5V、D3.3V、RF5V、A3.3V、A5V。

时钟测试点：系统时钟、网络控制器时钟、高速 A/D 差分时钟、低速 A/D 时钟。

RF 测试点：直采通道前端 RF 测试点、GPS 天线测试点。

系统程序测试点：FPGA JTAG 测试点、网络控制器测试点。

8.5.3 保障性设计

设备交付时，按《武器装备质量管理体系认证介绍》（GJB19001B—2009）规定的要求提供有效技术文件、配套附件其他保障资源。保障资源一般包括：配套备件和消耗品；产品的有关技术资料；包装、贮存、运输保障所需物资；保障所需的人力和人员等。为提高设备的综合保障性，本系统采用的保障性设计和工作如下：

（1）设计选用标准的元器件或主流产品，并从合格供方采购，供货有保障。

（2）提供完备的技术资料。

（3）对操作和维护人员进行培训。

（4）制定设备以及备件的包装、装卸、运输要求，以满足设备运输和贮存的完好性。

8.5.4 电磁兼容性设计

1. 电源 EMC 设计

采用低 EMI 的 DC-DC 稳压模块；元器件布局布线时，输入/输出电容尽量靠近稳压模块的输入/输出引脚及地，保证开关回流路径最短、阻抗最小；输出电容采用高频特性好、ESR 低的钽电容，输出电容值尽量大。

2. 射频模块 EMC 设计

射频模块采用独立封闭金属舱室，可与信号采集处理模块很好地隔离，防止射频信号对其他电路造成干扰，同时防止高频数字电路对射频模块产生电磁干扰。射频模块供电采用高频特性好的磁珠进行隔离，同时加以多容值滤波电容以保证全频段低 ESR，确保供电不会耦合射频或数字噪声。

3. 信号采集处理模块 EMC 设计

本模块采用 8 层电路板设计，4 层为信号层，4 层为内电层，内电层中有两层为地层，两层为电源层。4 层内电层将各信号层互相隔离以免层与层之间信号的串扰，完整的地层为整个 PCB 提供完整及纯净的参考地平面，为各路信号提供阻抗最低的回流路径。

高速 A/D 布线时做好阻抗控制及差分对耦合，可很好地抑制差分线向外界或板上的电磁辐射。射频单端线及高频单端数字线布线时做好阻抗控制，且走线不走直角或锐角，以防向外的电磁辐射及信号反射。

8.5.5 安全性设计

按照《武器装备质量管理体系认证介绍》（GJB 9001B—2009）的规定要求，安全性设计是要确保产品在使用和维护时的安全性，安全性设计的重点是杜绝和防止危及人身和设备安全的事故发生。主要包含以下设计内容。

1. 电源安全性设计

供电要求：220V、50Hz 交流供电或用系统内部的蓄电池供电。

（1）强电、弱电系统有效隔离。

（2）插座、接头必须有明显的警示标志。

（3）电源、信号接口均配备了避雷器及浪涌保护器。

（4）机壳必须可靠接地，防止漏电伤人。

（5）强、弱电部分地线分开，安全地必须与大地安全连接。

2. 结构安全性设计

（1）设备外壳不应有尖锐棱角。

（2）设备布局应防止人员无意划伤。

3. 软件安全性设计

（1）强化软件操作权限的管理、控制功能。

（2）简化人工干预方式、增加操作提示。

4. 使用维护安全设计

（1）电源、信号接口均配备了避雷器及浪涌保护器。

（2）编写使用说明书，详细描述使用和维护时的安全注意事项，对使用人员进行培训。

8.5.6 环境适应性设计

环境要求：工作温度为-10～55℃，存储温度为-20～85℃，工作湿度为 0～95%，非凝结。天线与系统主机满足 IP65 的防水等级，便携式加固笔记本使用环境满足室内使用环境要求。

三防箱尺寸为 119.8cm×41.9cm×17cm；质量为 8.03kg；三防箱与天线防护等级为 IP65。

在产品设计过程中将贯彻防潮湿、防盐雾和防霉菌的三防设计，三防设计包括元器件和材料防护、工艺防护及结构防护，确保设备可靠、稳定工作。

1. 元器件和材料防护设计

（1）尽可能采用密封元器件。

（2）金属材料采用防锈、耐腐蚀的材料。

（3）非金属材料（包括密封材料）选用耐腐蚀、耐老化、耐潮湿、抗霉菌的材料。

2. 工艺防护设计

（1）选用可靠的涂层、镀层。

（2）印制板按要求喷涂三防漆。

（3）变压器、扼流圈和电源组件等全部灌封、浸渍或灌注。

3. 结构防护设计

（1）不常拆卸的盖板、连接头，加密封垫圈，并在接触面上涂封胶。

（2）暴露在外的电连接器采用密封型，并采用密封形式密封。

（3）采用密封措施的设备或部件同时解决好散热问题。

（4）设备内部裸露的导线、焊点、电器固定点采取防腐蚀措施。

8.5.7 元器件选用

1. 元器件选用原则

芯片类器件选用工业级温度范围或超过工业级温度范围的进口器件，晶振、晶体等时钟器件选用低温漂、高稳定度、低相噪的器件，电源轨外围电阻器件选用 1%精度低温漂电阻，无源器件选用超过工业级温度范围知名厂商的进口器件。

主控芯片采用 Altera 公司 Cyclone Ⅳ系列工业级 FPGA，其性能、资源可很好地满足要求，同时可限制功耗，在性能与功耗之间取得较好的平衡。

系统晶振采用成都恒晶公司生产的温漂为±0.05×10^{-6} 的温补晶振，为系统提供了稳定、低抖动、高质量的时钟源。

低速 AD 采用 ADI 公司 65MSPS A/D 转换器，可很好地对检波后的 ADS-B 信号进行采样。

高速 AD 采用 TI 公司 400MSPS 的 A/D 转换器，其模拟带宽可达 1.5GHz，可有效地对 ADS-B 射频信号直接采样。

本系统所有芯片及无源器件均采用工业级温度范围（−40～85℃）或超过工业级温度范围的产品，以确保其在各种环境温度下工作的稳定性。

信号处理板正面如图 8.24 所示，信号处理 PCB 板采用 FR-4 材质 8 层板制作，采用 4 层内电层、4 层信号层设计，各信号层之间用内电层隔离，可保证其良好的电气特性、电磁兼容性和电源完整性。

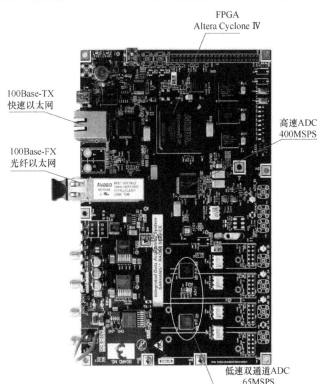

图 8.24　信号处理板正面

在信号处理板的背面，可挂载多通道子板（如不同频段的模拟滤波放大前端），并集成了温度传感器，实时监测处理板的工作温度。采用高精度授时定位卫星导航模块，在信号接收时提供精确的到达时间，并可实时获取搭载平台的位置信息。

2．降额等级

元器件按《元器件降额准则》（GJB/Z35）执行的降额等级；所有器件均满足一级降额要求。

3．关键器件主要失效模式

（1）FPGA：BGA 焊接接触不良，可导致 FPGA 供电或数据传输不正常，影响系统正常工作。

（2）射频器件：受 ESD 损坏，导致不工作或供电电流过大，影响射频通道数据接收或可导致射频模块发热。

（3）电阻：断路，根据发生地或可导致电源电压异常、电源不启动、信号传输异常等或无影响，或可影响系统正常运行。

（4）电容：断路或短路，断路或可导致电源不稳定、核心器件运行不稳定或无影响，或可影响系统正常运行；短路可导致电源烧毁或者电源进入保护状态，严重影响系统安全。

8.6　设　计　验　证

关于 ADS-B 数据性能的分析，包括数据的精度、准确性、稳定性，以及 ADS-B 数据的实时性等，都已在第 6 章给出了客观分析，本节主要分析 ADS-B 数据用于多型雷达误差性能标校。

8.6.1　雷达标校精度分析

2014 年 8 月利用 ADS-B 数据与某试验场的空管雷达进行了数据的对接比对，图 8.25 所示为与空管雷达数据比对距离一次差，测出空管雷达距离均方根误差为 1910.5m，图 8.26 所示为空管雷达数据比对方位一次差，测出空管雷达方位均方根误差为 0.1715°。

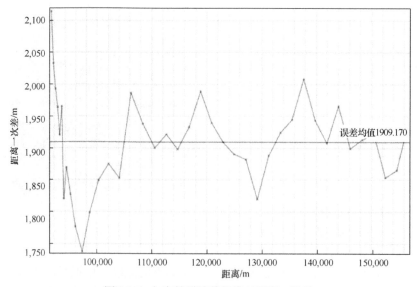

图 8.25　与空管雷达数据比对距离一次差

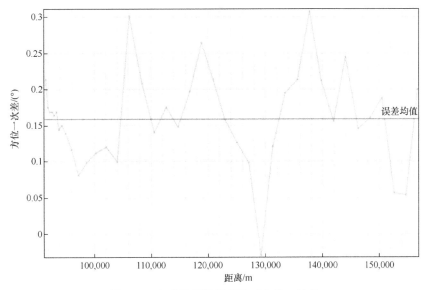

图 8.26　与空管雷达数据比对方位一次差

2014 年 9 月 3 日，利用 ADS-B 设备与某雷达进行了数据对接，ADS-B 数据与某雷达的数据比对结果如图 8.27 所示。

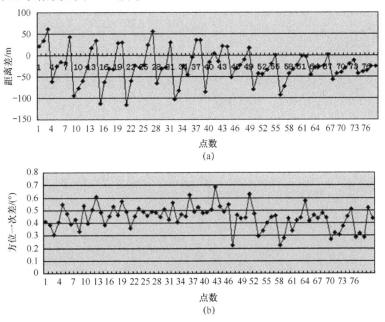

图 8.27　ADS-B 数据与某雷达的数据比对结果

（a）距离比对结果；（b）方位比对结果。

2014 年 9 月 4 日，在某试验场利用 ADS-B 数据与 A 型雷达进行了数据对接，雷达数据与 ADS-B 数据的匹配处理结果如图 8.28 所示，进一步处理可以得到与 A 型雷达的距离–方位比对曲线处理结果，如图 8.29 所示，与 A 型雷达的距离一次差曲线如

图 8.30 所示，与 A 型雷达的方位一次差曲线如图 8.31 所示，与 A 型雷达的俯仰–距离比对曲线如图 8.32 所示，与 A 型雷达的俯仰一次差曲线如图 8.33 所示。

图 8.28　雷达数据与 ADS-B 数据的匹配处理结果

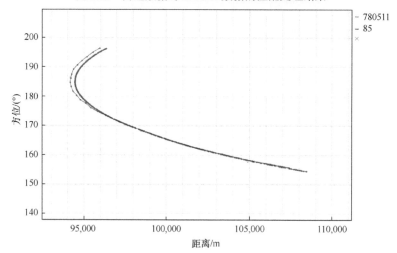

图 8.29　与 A 型雷达的距离—方位比对曲线处理结果

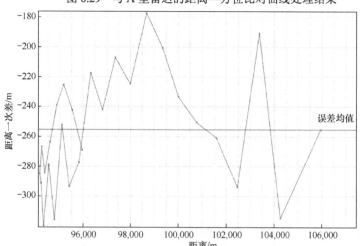

图 8.30　与 A 型雷达的距离一次差曲线

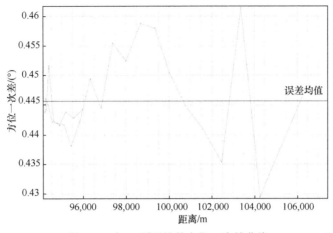

图 8.31　与 A 型雷达的方位一次差曲线

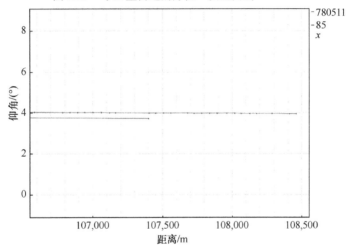

图 8.32　与 A 型雷达的俯仰-距离比对曲线

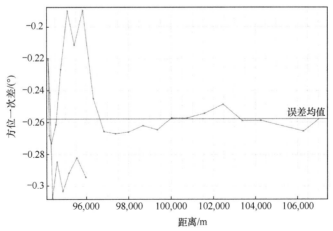

图 8.33　与 A 型雷达的俯仰一次差曲线

8.6.2 目标识别验证性能

图 8.34 所示为目标监视与识别验证界面。ADS-B 雷达动态性能测试系统提供民航飞机参数数据库，包括飞机的类型、尺寸、2D 和 3D 的视图，3D 视图可以选择飞机的正视图、侧视图、俯视图、雷达观察视图、自由视图等多种角度的显示，可以实时观察飞机的三维姿态和图片信息，用于目标指示与识别。

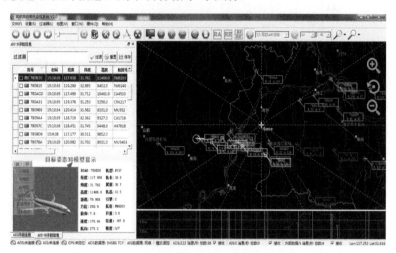

图 8.34　目标监视与识别验证界面

8.7　关键技术及保证措施

系统研制中采用的关键技术有信号接收抗干扰技术、误码纠码技术等。由于 ADS-B 使用的频率为 1090MHz，与二次雷达 A/C/S 模式应答设备的频率相同，且目前二次雷达应用较为广泛，应答频率较高，因此 ADS-B 受 A/C/S 应答干扰的概率比较大。此外，在 L 频段工作的雷达等设备对 ADS-B 系统也有较强的干扰。为解决数据丢点问题，系统采取以下措施。

（1）动态门限检测。

通过噪声机理调制，接收机能够动态识别环境中的信噪比，根据对强信号、弱信号的不同电平，建立噪声机理模型，提高对信号的检测能力。

（2）通道数据融合。

采用多通道数据融合互补与纠错、报文相关度检测等手段提升目标的解码能力。

对 ADS-B 接收设备进行接收统计分析，在信噪比大于 3dB 的情况下，误码率为 10^{-4}，误组率为 10%。

抗干扰能力：解码一条 ADS-B 报文中可抗 1~2 个 A/C 干扰。

（3）多天线接收。

为提高对目标的远距离接收能力，需要高增益的天线，通常高增益天线为定向天线，因此需要配置多个天线对全空域进行覆盖，多个天线之间通过数据融合进一步提高对空域内目标的 ADS-B 数据的检测能力，保证 ADS-B 的数据率。

（4）高速 A/D 数据直接采样。

对于通信接收系统，越靠近天线端，信号表现的形式越完整、全面。通常采用的超外差接收机是在中频检波后进行采样，此时信号经过电路元器件的滤波、放大、时延等累积效应后，信号会失去许多信息，对信号的接收处理造成一定的影响。

因此，针对基站系统，采用采样频率为 400MHz 的高速 A/D 芯片对 1090MHz 信号进行直接采样，采样数据输出为 14bit 的 I/Q 两路数据，以提高对前端信号的接收解码能力。

8.8　系统的技术优势

系统通过天线分集接收、通道数据融合、动态门限检测、高速数据直采样、数据库查询验证、空间航迹比对分析、时间航迹比对分析等技术，在雷达动态性能标校、目标识别验证与跟踪引导等方面具有以下独特优势。

（1）能够实现对方位 360°空域目标的连续接收，航迹连续性能比同类产品高。

（2）提供包含 17 万架以上飞机的数据库信息，为目标识别验证提供有效手段。

（3）提供实时三维姿态显示功能，为目标姿态验证或雷达成像提供技术手段。

（4）提供地图区域编辑功能，建立警戒区域告警机制。

（5）提供基于空间航迹和时间航迹比对的数据处理方法，在雷达探测目标数据无时间信息的情况下，利用基于空间航迹匹配关联的方法，实现对雷达探测性能的评估。

（6）提供空域 ADS-B 态势共享机制，满足多雷达同时比对分析，提高雷达试验场的信息化水平。

8.9　小　　结

本章主要介绍了基于 ADS-B 的雷达动态性能标校系统的研制及其性能验证情况。对于试验场雷达标校系统，在多通道信号接收、数据融合处理、数据综合显示、数据组网与分发、数据关联比对分析等方面技术成熟稳定、方案可行，联试结果稳定，此外雷达动态精度验证系统具有可扩展功能，通过增加多个辅助站，可以实现多站定位系统，用于对雷达动态精度验证系统进行功能扩展。

在基于 ADS-B 的雷达动态性能标校方面，拥有成熟的产品和解决方案，产品涵盖单机到试验场信息化组网系统，其中在部队修理厂、研究所提供了试验场雷达动态精度标校的解决方案，满足了试验场多型号雷达精度验证的需求，能够提高雷达调试、维护与保障的效率。

参 考 文 献

苑文亮. 基于 ADS-B 信息的雷达标校与目标模拟技术研究[D]. 烟台：海军航空工程学院，2009.

第9章　基于 ADS-B 的雷达性能标校工程应用

在雷达装备的预研试验和雷达部队的大修后，为了检查发现距离、方位和俯仰角测量过程中的各种误差，评估雷达航迹跟踪的各项性能指标，需要获取雷达目标的真值（高精度参考值）信息。目前主要采用两种方案：一是静态有源标校方案，该方案部分地解决了两坐标雷达的标校问题，但对三坐标舰载相控阵雷达存在一定局限；二是军用飞机检飞标校的方案，一般采用带差分 GPS（DGPS）的军机进行校飞试验。该方案能很好地发现雷达存在的各种探测误差，不足是需要协调飞机，实施难度大、成本高、有一定安全风险，另外由于是单目标出动，无法考核雷达多目标跟踪的能力。

考虑到 ADS-B 是一种基于 GPS 全球卫星定位系统和空–空、地–空数据链通信的航空器运行监视技术，运用 ADS-B 接收机可以获得飞机的真实航迹。因此，针对各种平台的雷达性能试验监测需求，研究基于 ADS-B 数据的雷达系统误差估计技术，通过对非时间匹配的航迹曲线比对系统误差估计方法，计算出雷达的距离、方位和俯仰角的系统误差，完成对雷达探测性能的动态校准，有效利用空域不同航线、不同机型、不同高度以及不同飞行姿态的多架次民航飞机信息，能够实时给出雷达系统在各种姿态下的系统误差，具有受天气环境影响小、误差标定周期短、多目标误差标定结果准确、可靠等优势，与有源静态误差标定和军机检飞误差标定相比，能够有效节约误差标定的经费，提高误差标定的效率，减少误差标定的风险，具有重要的经济和军事价值。

9.1　标校工程应用流程

基于 ADS-B 的雷达性能标校工程通过实时接收空域中民航飞机播报的位置数据，将经、纬度位置数据变换到雷达坐标系，与雷达三坐标数据进行航迹比对，利用空间误差方法估计给出距离、方位及俯仰角系统误差的数据曲线，并针对同高度、同机型及同姿态目标开展雷达探测威力范围评估，形成被测雷达的性能测试报告。ADS-B与雷达平台联合标校系统工作流程如图 9.1 所示，具体步骤如下。

（1）ADS-B 接收模块，主要完成对空中民航信息的接收工作。

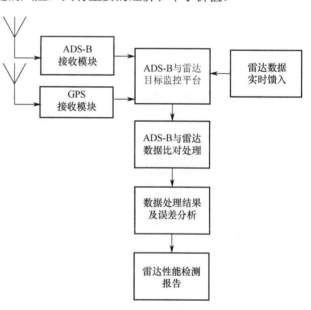

图 9.1　ADS-B 与雷达平台联合标校系统工作流程

（2）GPS 接收模块完成对接收到的民航数据标注时间戳信息，定位 ADS-B 接收机的位置信息，获得民航目标相对接收机的距离和方位信息。

（3）雷达数据实时输入模块，在雷达正常工作的前提下，将雷达现有的数据上报到目标监控平台，能够对雷达进行数据比对处理。

（4）ADS-B 与雷达目标监控平台，能够实时跟踪 ADS-B 与雷达探测的目标，可以观测到空域中民航目标的静态（航班、机型、国别、航空公司等）和动态（距离、方位、经度、纬度、高度、地速和空速等）信息。可以直观地观测雷达对目标的探测性能，通过选择有利于雷达性能监测的目标批次，方便完成对雷达性能的检测和评估。

（5）ADS-B 与雷达数据比对处理，通过建立一种数据比对处理模型，对实时接收的 ADS-B 和雷达数据进行匹配处理，将两者的距离−方位数据和距离−俯仰角绘制成数据比对曲线，能够直观地看到雷达相对 ADS-B 数据的差值。

（6）数据处理结果及误差分析，通过数据比对处理，对数据处理的结果进行误差分析。

（7）雷达性能监测报告，在雷达性能检测完毕之后，系统自动给出雷达性能检测报告。

9.2　ADS-B 与雷达平台联合系统误差估计理论

9.2.1　ADS-B 数据的性能分析

ADS-B 是由国际民航组织提出的用于空中交通管制的新技术，该技术满足《1090MHz 扩展电文 ADS-B 和 TIS-B 最低运行性能标准（DO-260B）》标准。第 6 章论证了 ADS-B 数据具有精确、准确和稳定的特性，同时数据输出具有实时和可变高速率的特性，为本章利用 ADS-B 对空雷达误差与性能测试提供了理论依据。

9.2.2　ADS-B 数据的坐标变换

坐标变换涉及的坐标系统有 WGS-84 坐标系和雷达坐标系。在对 ADS-B 接收机接收数据的处理中，GPS 坐标的转换至关重要，其转换精度直接关系到雷达标校的效果。因此，需要将民航飞机广播自身的位置信息以 WGS-84 为坐标系统的经度、纬度和高度，转换到 WGS-84 坐标系下的直角坐标系，同时将雷达所在的位置点经度、纬度和高度转换到 WGS84 下的空间坐标，通过坐标平移和旋转，得到目标在雷达坐标系下的直角坐标，最后转换到雷达坐标系下的极坐标，便于和雷达探测得到的数据进行比对，具体见第 6 章。

9.2.3　非时间匹配的航迹曲线比对系统误差估计技术

本节首先研究在无时间同步信息条件下，基于非时间匹配的航迹曲线比对的系统误差估计方法的可行性，然后依据试验数据对多型雷达的系统误差标定结果进行分析，得出结论。

由于民航飞机自动播报的时间信息不准确，因此传统雷达误差标定方法中以时间信息为基准的方法在此并不适用。为此，提出非时间匹配的航迹曲线比对系统误差估计方法，用以解决在没有时间信息关联下的雷达系统误差估计。

基于航迹曲线比对系统误差估计方法的理论依据是：目标在空间中形成的真实航迹是唯一的，而雷达系统误差的存在，使得雷达探测目标的距离方位曲线和距离俯仰角曲线与目标真实的距离-方位曲线、距离-俯仰角曲线存在偏差，未修正的距离-方位曲线如图 9.2 所示，两条曲线没有重合到一起。通过选取合适目标形成的航迹曲线，对真值数据进行插值，通过对雷达的距离、方位和俯仰角参数进行修正，能够使雷达和真值曲线重合得很好，依据距离最优准则，完成真值数据中对雷达数据的匹配，给出雷达距离、方位和俯仰角的系统一次差，实现雷达系统误差的标定，对应修正后的距离-方位曲线如图 9.3 所示。

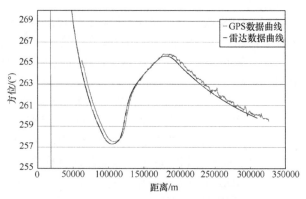

图 9.2　未修正的距离-方位曲线

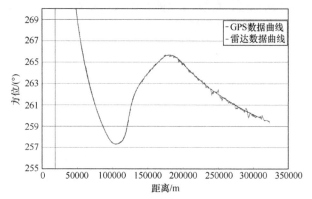

图 9.3　修正后的距离-方位曲线

采用空间误差估计算法，通过对雷达数据点做距离、方位和俯仰上的修正，使 ADS-B 数据曲线与雷达数据曲线很好地吻合。雷达数据修正后曲线表现形式：在宏观上，采用空间误差估计算法后 ADS-B 与雷达数据匹配情况如图 9.4 所示，雷达数据曲线和 ADS-B 数据曲线重合；在微观上，雷达数据曲线围绕着 ADS-B 数据曲线波动，图 9.5 为某型雷达距离一次差波动情况，图 9.6 为某型雷达方位一次差波动情况。

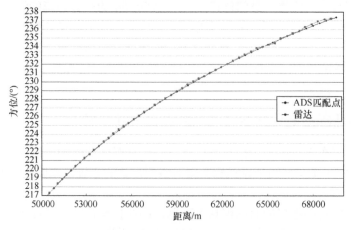

图 9.4　采用空间误差估计算法后 ADS-B 与雷达数据匹配情况

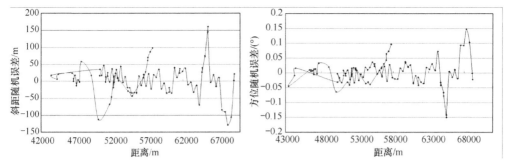

图 9.5　某型雷达距离一次差波动情况　　　图 9.6　某型雷达方位一次差波动情况

9.2.4　基于 ADS-B 数据的雷达误差修正值计算

最小类方差法是一种有效的试验数据处理方法。在利用最小类方差法求雷达测量数据的误差修正量时，不需要考虑运动轨迹的具体时间。只要是在一段时间内获得的同一目标的 ADS-B 和雷达数据，就可以运用这种方法进行计算。修正算法描述如下。

1. 野值的剔除

将偏离正常轨迹较远的数据点称为野值，在数据处理之前，先进行剔除操作。

2. 匹配点的选取

在使用最小类方差法获取误差修正量时，只有有效地进行匹配点的选取才能保证类方差最小、两条航迹线吻合得最好。所以，匹配点的选取是至关重要的，它直接关系到雷达标校的效果。

本书采用的方法是在所有的雷达数据点 $R_1, R_2, \cdots, R_n, \cdots$ 中选取 R_n 点，R_n 点所对应的距离为 r_{R_n}，所有的 ADS-B 数据点为 $G_1, G_2, \cdots, G_m, \cdots$，其对应的距离分别为 $r_{G_1}, r_{G_2}, \cdots, r_{G_m}, \cdots$，设定 Δr 为在距离上选取匹配点的范围，可以得到闭区间 $\left[r_{R_n} - \Delta r, r_{R_n} + \Delta r \right]$。

（1）当 $r_{G_1}, r_{G_2}, \cdots, r_{G_m}, \cdots$ 中没有距离值落入这个区间时，则判定 R_n 点没有准匹配点。

（2）当 $r_{G_1}, r_{G_2}, \cdots, r_{G_m}, \cdots$ 中有一个距离值落入这个区间时，则判定此距离值所对应的 ADS-B 数据点为 R_n 点的准匹配点。

（3）当 $r_{G_1}, r_{G_2}, \cdots, r_{G_m}, \cdots$ 中有两个以上距离值落入这个区间时，则选取与 $\min\{|r_{G_m} - r_{R_n}|, |r_{G_{m+1}} - r_{R_n}|, \cdots\}$ 值对应的 ADS-B 数据点为 R_n 点的准匹配点。

接下来，在方位上对其做进一步筛选。设 R_n 点选取的准匹配点为 G_m 点，二者对应的方位值分别为 a_n 和 a_m。

令 $\Delta a = |a_n - a_m|$，设定值 a_s：当 $\Delta a < a_s$ 时，则对应于 $(\Delta a, \Delta r)$ 的修正量，R_n 点的正式匹配点为 G_m 点；当 $\Delta a > a_s$ 时，则认定对应于 $(\Delta a, \Delta r)$ 的修正量，R_n 点不存在匹配点。

R_n 点的匹配点寻找完成之后，依此类推，继续寻找其他雷达数据点的匹配点，直至找出对应于修正量 $(\Delta a, \Delta r)$ 的所有雷达数据点 $R_1, R_2, \cdots, R_n, \cdots$ 的匹配点。

当匹配点寻找完成后，将所有具有匹配点的雷达数据点及其对应 ADS-B 数据匹配点提取出来，并将其重新编号。

3. 修正效果的评估标准

假设获得 k 点匹配数据，其中雷达的方位角为 $(a_{R_1}, a_{R_2}, \cdots, a_{R_k})$，则对应的 ADS-B 的方位为 $(a_{G_1}, a_{G_2}, \cdots, a_{G_k})$；雷达的距离为 $(r_{R_1}, r_{R_2}, \cdots, r_{R_k})$，则对应的 ADS-B 的距离为 $(r_{G_1}, r_{G_2}, \cdots, r_{G_k})$。

定义 Λa_p、Λr_p 如下：

$$\Lambda a_p = \frac{(a_{G_1} - a_{R_1})^2 + (a_{G_2} - a_{R_2})^2 + \cdots + (a_{G_k} - a_{R_k})^2}{k} \tag{9.1}$$

$$\Lambda r_p = \frac{(r_{G_1} - r_{R_1})^2 + (r_{G_2} - r_{R_2})^2 + \cdots + (r_{G_k} - r_{R_k})^2}{k} \tag{9.2}$$

这时就获得了相对于修正量 $(\Delta a, \Delta r)$ 的评估量 $(\Lambda a_p, \Lambda r_p)$。依此类推，可以获得对应于所有修正量 $(\Delta a_1, \Delta r_1), (\Delta a_2, \Delta r_2), \cdots, (\Delta a_p, \Delta r_p), \cdots$ 的评估量为 $\Lambda a_1, \Lambda a_2, \cdots, \Lambda a_p, \cdots$ 与 $\Lambda r_1, \Lambda r_2, \cdots, \Lambda r_p, \cdots$。

令

$$\Lambda a = \min\{\Lambda a_1, \Lambda a_2, \cdots, \ \Lambda a_p, \cdots\} \tag{9.3}$$

$$\Lambda r = \min\{\Lambda r_1, \Lambda r_2, \cdots, \Lambda r_p, \cdots\} \tag{9.4}$$

在所有的修正量 $(\Delta a_1, \Delta r_1), (\Delta a_2, \Delta r_2), \cdots, (\Delta a_p, \Delta r_p), \cdots$ 中，必然存在一组与 Λa、Λr 相对应的修正量 $(\Delta a_i, \Delta r_i)$，那么认为 $(\Delta a_i, \Delta r_i)$ 即为距离-方位曲线的最佳修正量。

重复以上的步骤，同样可以获得距离-俯仰曲线的最佳修正量 Λe。可以将距离-方位曲线的最佳距离修正量作为固定修正量代入，这样在运算中可以减少运算量。

在修正过程中，采用的方法是对雷达数据在距离和方位上进行循环修正。每一次的修正都要去寻找匹配点、计算类方差，并将每一次得到的类方差值保留下来。当循环结束后，找出这个类方差的最小值，根据这个最小值输出其对应的误差修正量。这就是我们所需要的。在循环修正中，采用的是一个双重循环和一个单循环。首先设定方位、斜距、俯仰的循环起始值、循环结束值和循环步长。以方位为双重循环的外层，以斜距为内层，得到方位和斜距的最佳修正量，然后将斜距修正量代入，单独对俯仰进行修正，得出俯仰的修正量。

9.3　实测数据分析

9.3.1　ADS-B 与某雷达实测数据比对结果分析

在某试验外场，基于 ADS-B 多次开展了对某型相控阵雷达的标校试验。从深度挖掘 ADS-B 信息、拓展接口形式到误差数据分析和威力统计等多个层面的技术得到了积极有效的发展，提升了基于 ADS-B 雷达标校设备的先进性、适应性和可扩展性。验证了 ADS-B 雷达标校设备能够作为高精度雷达标校的手段，其精度达到了高精度雷达标校的要求。

选取试验中批号分别为 P151-79A067、P158-780266、P260-780502、P262-78031A、P161-78047b 的 5 批数据按照上述方法进行修正，5 组数据的修正量如表 9.1 所列。

表 9.1 五组数据的修正量

批次	斜距/m	方位/(°)	俯仰/(°)
P151-79A067	3020	0.2	0.49
P158-780266	3000	0.27	0.55
P260-780502	2900	0.2	0.5
P262-78031A	3020	0.24	0.33
P161-78047b	2920	0.14	0.61

由试验结果可以看出，每一个批次的修正量不是完全一致，有一定程度的差距，但是一部雷达的测量误差是相对固定的，因此存在其他干扰修正量的因素，即随机误差。如何甄选出真实的修正量，将以上 5 个批次的修正量作一个平均，平均值为(2972, 0.21, 0.496)，再去修正选取的这 5 条曲线，观察修正结果，发现对大多数曲线的修正效果是好的。

在这 5 个批次中选取了具有代表性的 P151-79A067 和 P161-78047b 两个批次数据的修正效果对比如下。

（1）P151 批次效果图。图 9.7 所示为 P151 批次修正前与修正后距离方位曲线，图 9.8 所示为 P151 批次修正前与修正后距离-俯仰曲线，从直观上看，P151 批次的自身修正值与计算的平均修正值较为接近，对雷达数据做出修正以后，雷达的曲线向 GPS 曲线逼近，并且能够较好地"重合"在一起。

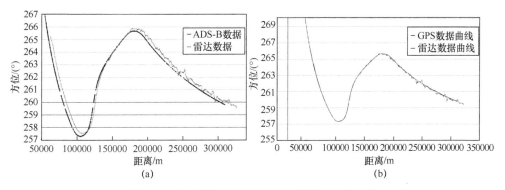

图 9.7 P151 批次修正前与修正后距离-方位曲线

（a）修正前；（b）修正后。

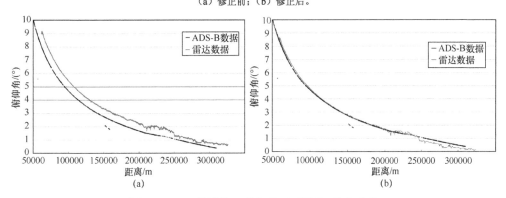

图 9.8 P151 批次修正前与修正后距离-俯仰曲线

（a）修正前；（b）修正后。

（2）P161 批次效果图。图 9.9 所示为 P161 批次修正前与修正后距离–方位曲线，图 9.10 所示为 P161 批次修正前与修正后距离–俯仰曲线，可以看出，P161 批次的自身修正值与计算的平均修正值相差较大，该方法有一定的修正效果，但是不完美，还需要进一步完善。

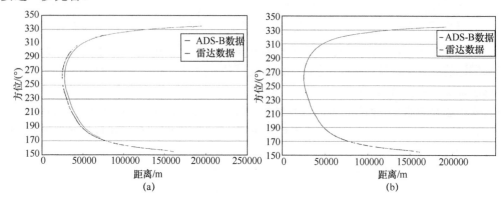

图 9.9　P161 批次修正前与修正后距离–方位曲线

（a）修正前；（b）修正后。

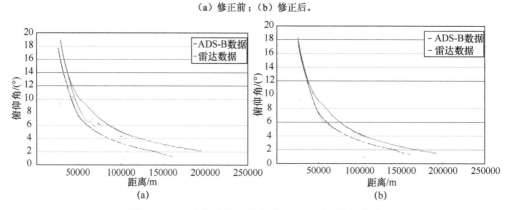

图 9.10　P161 批次修正前与修正后距离–俯仰曲线

（a）修正前；（b）修正后。

9.3.2　ADS-B 与高精度光电系统航迹匹配比对结果

航迹匹配处理就是将 ADS-B 得到的航迹数据与光电跟踪得到的航迹进行图形匹配，两条曲线重合最好时，得到系统误差。下面对采集的数据进行分析，图 9.11 所示为 ADS-B 与光电航迹数据对比分析结果，图中以 ADS-B 作为真值，光电数据减 ADS-B 数据得到的结果，"修正后数据"为光电数据加上修正值的结果。

ADS-B 与光电系统的航迹比对分析结果如表 9.2 所列，方位修正量平均值为 0.095°，波动范围为 0.05°，俯仰角平均修正量为 0.024°，波动范围为 0.01°左右，能够满足对高精度雷达的误差标校和目标跟踪引导以及模拟测试的需求。

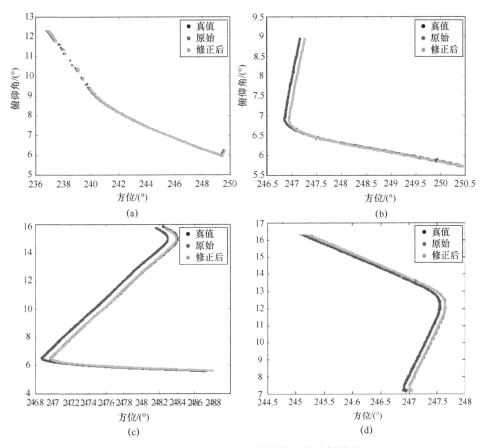

图 9.11　ADS-B 与光电航迹数据对比分析结果

（a）ADS-B 光电航迹 1 数据分析；（b）ADS-B 光电航迹 3 数据分析；（c）ADS-B 光电航迹 4 数据分析；
（d）ADS-B 光电航迹 5 数据分析。

表 9.2　ADS-B 与光电系统的航迹比对分析结果

序号	方位修正值/（°）	Y 修正值/（°）
1	0.105	−0.029
3	0.090	−0.033
4	0.098	−0.012
5	0.096	0.004
6	0.044	−0.073
7	0.094	0.0046
8	0.115	−0.023
10	0.117	−0.027
平均	0.0949	−0.024

9.4　基于 ADS-B 的雷达性能指标评估方法

　　雷达的性能指标主要包括目标威力范围（高空、低空及远距离，受阵地及目标等多方面的影响情况）、精确性（距离、方位、高度精度、速度和航向精度、时间精度）、准确性（分辨力、目标识别）、稳定性（航迹稳定性、连续性、丢点处理、异常点处理等）。这些性能都需要从雷达情报数据中分析，而雷达性能评估的目的就是进一步检验雷达系统方案设计的合理性，检验雷达总体性能和技战指标是否满足设计要求，检验目标特性测量数据的综合处理能力。从而充分发挥雷达的各项性能，挖掘设备的综合潜力，完成好赋予雷达的各项使命。因此，雷达动态性能评估具有重要意义。

9.4.1 基于 ADS-B 信息的雷达动态性能评估内容

由于现代雷达种类繁多，性能检验项目也有所差异，本节主要讨论单站目标特性跟踪测量雷达的动态性能评估方法。雷达系统效能评价指标体系主要分为能力层和性能指标层的动态性能评估指标体系。表 9.3 所列为基于 ADS-B 信息的雷达动态性能评估内容，根据雷达系统功能中各要素的相互关系，比较相关因素和标准重要性的基础上，将基于 ADS-B 信息的雷达动态性能评估从能力层上分为探测能力、跟踪定位能力、航迹处理能力和目标识别能力 4 个方面，每个能力再细分为性能指标层。

表 9.3　基于 ADS-B 信息的雷达动态性能评估内容

序号	能力层	性能指标层	备注
1	探测能力	威力范围：高空、低空	
		最大探测距离	
		目标发现概率	
2	跟踪定位能力	定位精度	
		方位角跟踪精度	
		俯仰角跟踪精度	
		目标连续跟踪时间	
		最大跟踪目标数	
		目标丢失重捕能力	
3	航迹处理能力	航迹自动起始成功率	
		目标稳定跟踪能力	
		航迹交叉不丢、不混批概率	
4	目标识别能力	目标识别过程的目标检测能力	
		架次分辨能力	
		目标属性正确识别概率	

9.4.2 探测性能评估方法

1. 高空、低空威力范围评估

在雷达整机战术性能参数中，用来描述探测威力（又称探测范围）的主要指标有最大探测距离（又称发现距离）、最小探测距离、方位覆盖范围、俯仰角覆盖范围（包括最大俯仰角和最小俯仰角）、速度测量范围和最大探测高度等。对于跟踪雷达而言，还包括最大跟踪距离、最小跟踪距离。在这些指标中，最大探测距离是表征雷达探测威力最为重要的指标。传统威力试验方案设计的思路是先确定试验技术参数和航路参数；然后计算试验所需要的有效飞行航次和飞行架次；最后依据数理统计方法对威力范围进行评估。通常是被试雷达对目标进行实测，将实测结果绘成发现概率曲线，按雷达发现距离指标和相应的发现概率要求，从曲线上查出发现距离。

而基于 ADS-B 信息的雷达威力评估除了可以借鉴上述的思路外，还可以直接将接收到的目标与雷达目标进行航迹关联。通过 ADS-B 获取的先验航迹信息，可有效确认雷达的探测威力范围。在选取合适的航路参数后，可以根据三维空间分布的不同高度层、不同距离段、不同机型和飞行参数的民航目标探测的回波情况（有无、强度），来估计全空域的威力范围，并进一步反映情报雷达的收发系统、天线方向图以及地形对威力范围的影响。

因此，依据 ADS-B 先验信息可以评估雷达探测高空和低空目标的威力范围。具体流程如下。

（1）通过软件筛选出高空（海拔高度高于 1000m）的 ADS-B 民航目标作为基准，统计所有的数量为 m_h。

（2）通过将雷达数据接入评估软件中，统计获取与 ADS-B 高空目标吻合的雷达目标数量 n_h。

（3）通过公式 $r_h = \frac{n_h}{m_h}$，计算 r_h 评估雷达对高空目标的探测能力。

（4）同理，按照公式 $r_l = \frac{n_l}{m_l}$、$r_{remote} = \frac{n_{remote}}{m_{remote}}$ 分别评估雷达对低空和远距离目标的探测能力。

2. 最大探测距离

依据传统雷达威力试验方案，选取合适的航路参数。同时要求，雷达采用手控工作方式。ADS-B 目标机进入航路之前，被试雷达以引导雷达（或指示雷达）提供的目标位置为中心，进行扇形搜索。当发现目标后，不许连续手控跟踪目标，而是要求做扇扫动作。每扇扫一次都要求雷达主瓣完全偏离目标，使雷达有重新发现目标的过程。对于方位角和俯仰角两个可控因素，必须保证一个不变或微变，使其始终对准目标，控制另一个因素变化。

与俯仰角相比，方位角比较好控制，因为目标机是做径向飞行，目标机在进入航路后和退出航路前，始终与被试雷达成径向，所以方位相对好控制，俯仰角在试验中始终在变化，比较难控制，所以试验时采取控制方位角做扇扫动作，同时手动控制俯仰角，连续驱动天线使主瓣在俯仰角方向始终对准 ADS-B 目标机，使回波最强。具体流程如下。

（1）将 ADS-B 雷达动态性能评估设备架设在视野环境开阔的高处。

（2）根据设备使用说明，进行电气连接。

（3）对设备通电后，利用 GPS 设备定位出标校系统天线所在位置。

（4）打开 ADS-B 雷达动态性能评估软件，选择一批 ADS-B 航迹连续的目标，目标飞行姿态为径向背站飞行，利用 ADS-B 的航迹质量（有无、点迹数量、点迹连续性）来评估雷达航迹是否连续、平滑、稳定。

（5）同样选择一批 ADS-B 航迹连续的目标，目标飞机姿态为径向向站飞行，利用 ADS-B 的航迹质量（有无、点迹数量、点迹连续性）来评估雷达航迹是否连续、平滑、稳定。

（6）为了保证评估的效果，选取多个批次、不同方位以及切向飞行的目标数据，重复步骤（4）和（5）进行最大探测距离的评估。

此外，由于雷达在设计过程中多数是以军机来评估最大探测距离。而 ADS-B 数据是民航飞机播报的。军机和民航飞机的 RCS 不同，基于 ADS-B 信息的雷达性能评估方法需要优化。通常飞机的迎头方向 RCS 最小，并在一定的角度范围内保持稳定。小型战斗机的迎头方向 RCS 为 $1 \sim 2\,\mathrm{m}^2$，而大中型喷气式飞机迎头方向 RCS 为 $20 \sim 40\,\mathrm{m}^2$。因此，可采用民航飞机模拟的方法来测试雷达系统的威力情况，具体步骤如下：

（1）雷达开机正常工作，技术指标合格，并标定好相应的虚警概率。

（2）观察各方向的民航飞机，重点是径向飞行的各班次民航飞机（要求飞行航线偏离径向方向小于 $\pm 15°$），找到最大距离超过规定威力的航线。

（3）按照威力指标规定的目标截面积 σ_1，计算民航机截面积 σ_2 需要折算的增益 $10\lg(\sigma_2/\sigma_1)$。比如，对于歼七类飞机（$1\sim2\,\mathrm{m}^2$），民航机（$20\sim40\,\mathrm{m}^2$）相对要高 $13\sim16\,\mathrm{dB}$ 的 RCS。

（4）通过人工调节式雷达作用距离方程中的参数来抵消民航机带来的增益，具体可以通过降低集中式全固态发射机的输出功率、减少发射机脉冲宽度、增加收发通道损耗、提高检测门限等简便可行的方法来抵消民航机带来的增益。比如，可以通过将检测门限提高 $13\sim16\,\mathrm{dB}$ 来抵消民航机带来的增益。

（5）通过大量统计设定航线上民航飞机的检测情况，便可得到被测雷达的最大探测距离、最小探测距离等指标。

3. 发现概率的统计

雷达的发现概率是分区间进行统计的，即将整个检飞航路按距离分成若干个等间隔的小区间，即距离录取区间，简称距离区间。分区间的目的就是便于统计雷达在各个区间段内的发现概率。在各区间内，由一定的飞行航次来保证有足够的观测点数。区间内所有的观测点，都被视为等概率，并以各距离录取区间的中间距离数值作为本区间的距离"代表"。如距离区间长为 2km，在 $40\sim42$km 区间的发现概率即以 41km 为代表。表 9.4 所列为雷达发现概率统计表，根据各区间的统计结果，绘制发现概率曲线，按试验设计确定的距离录取区间长度和航路长度等。

表 9.4　雷达发现概率统计表

____架____航、____高度____机型____临近、远离____年____月____日

距离区间/km	区间中间值/km	观测记录	观测点数	发现点数	发现概率	备注

表 9.4 上方的架航次、高度、机型、临近或远离及时间，每次试验前必须填写，以备事后查用。距离区间与临近或远离相对应，目标临近时距离区间从远往近记，远离时相反。起始距离要视雷达发现距离和跟踪距离指标而定。一般起始距离，临近时要大于指标数据的 20%；远离时，稍大于雷达的自动跟踪距离指标值即可。试验前即应将距离区间数值填好，因目标先是临近，而后即作远离飞行，所制表格也这样相间排序，使用方便。

试验中所作记录，主要是表 9.4 中的"观测记录"栏。当目标进入航路后，被试雷达按上述工作方式工作，发现目标与否，以方位操作手观测环视显示器为准。方位角每扇扫一次，操作员必须报读一次发现目标的情况，发现目标即报"有"，未发现目标即报"无"。同时距离操作手根据距离显示器的目标位置，及时通报目标所到达规定的各距离区间的起始距离数。记录人员及时将报读的发现目标情况记录在相应的距离区间内，应以最简单的形式作记录，通常发现目标记作"+"号；未发现目标记作"-"号。

雷达发现概率统计表中的"观测点数"，是指在相应区间的实测发现和未发现的总次数；"发现点数"为区间内发现目标的次数。"发现概率"可按每个航次统计计算，然后综合，也可将所有航次综合在一起统计计算。通常采取后者，即将目标临近或远离的全部有效航次，分别按相应的距离区间进行统计，将各区间所有观测点数和发现目标的点数统计出来，然后计算目标临近或远离时各距离区间内的发现概率 P，即 $P=M/N$，M 为距离区间内发现目标的点数，N 为距离区间内观测点数。此概率值即为距离区间的发现概率值。

计算出各个区间的发现概率值后，以各区间的中间距离代表值与其对应的发现概率值即可绘制出目标临近和远离的发现概率曲线。将曲线平滑后，按被试雷达战术指标要求的发现概率值 P 在曲线上即可查出所对应的距离值 R。这个距离值为该雷达在此发现概率下对该型号飞机的发现距离。因此，以 ADS-B 目标航迹数据为真值，通过对雷达航迹进行分段处理统计发现概率，可以评估雷达的发现概率。

9.4.3 跟踪定位能力评估方法

1. 评估精度分析

以 NUC 精度为 7 时为例，目标在 100km 处，经坐标变换到雷达坐标系下后，ADS-B 民航目标精度可以达到：距离精度小于 10m，方位精度为 0.01°，仰角精度为 0.01°，满足雷达探测精度的要求。

2. 雷达系统误差标定方法

雷达系统误差标定分为测量数据预处理和测量数据精度鉴定。测量数据预处理主要包括系统误差修正、合理性检验、时间修正、大气折射修正、雷达系统误差计算方法。测量数据精度鉴定内容主要包括随机误差统计和系统误差统计。

雷达数据预处理方法如下。

（1）系统误差修正。

脉冲雷达的系统误差常指轴系误差，主要考虑天线座无水平误差、方位轴和俯仰轴无正交误差、光机轴无平行误差和动态滞后误差等。

（2）合理性检验。

对目标跟踪测量过程中，由于设备、人为因素或周围环境的突发性变化或干扰，致使观测数据在某些时刻或某些段落出现大的误差，与目标运动规律明显不符，这些数据称为异常数据（或野值）。同一外测系统观测数据异常值的表现形式、大小各不相同，不同设备观测数据的异常值变化更是各不相同。观测数据含有异常值，使测量值严重失真，降低了观测数据的置信度，如果不予剔除，势必严重影响数据处理结果的质量。因此，数据预处理时，首先必须识别异常数据并加以修复。合理性检验是数据处理中的关键步骤，采用多项式四点拟合外推法对数据资料进行合理性检验。

（3）时间修正。

时间修正主要有两个方面：一方面是要修正因电波传播延迟引起的目标状态与当时测站信号时间的不一致，以及各测站之间因电波传播时间不一致而引起的信号不一致；另一方面是要修正外测与遥测数据因时间零点不同而引起的不一致。时间修正的主要方法是拉格朗日三点插值方法。

（4）大气折射修正。

大气折射修正是对电磁波在大气中传播时发生的折射误差进行修正，一般是对斜距和俯仰角进行修正。大气的成分随着时间、地点而改变，而且不同高度的空气密度也不相同，离地面越高，空气越稀薄。因此，电磁波在大气中传播时，是在非均匀介质中传播的，它的传播途径不是直线而将产生折射。大气折射对雷达的影响有两方面，一是改变雷达的测量距离，产生测距、测速误差；二是将引起俯仰角测量误差。

（5）雷达系统误差计算方法。

雷达系统误差包括距离一次差、距离一次差均值、距离一次差均方根误差、方位一次差、方位一次差均值、方位一次差均方根误差、俯仰角一次差、俯仰角一次差均值、俯仰角一次差均方根误差。一次差均值表征了系统误差，一次差的标准差表征了随机误差。

设 $\{R_{gi}\}$，$\{A_{gi}\}$，$\{E_{gi}\}$ 分别为第 i 时刻利用 ADS-B 定位系统计算获得的雷达与目标之间的距离、方位和俯仰角基准值；$\{R_{ri}\}$，$\{A_{ri}\}$，$\{E_{ri}\}$ 分别为第 i 时刻雷达实际测量所得的距离、方位和俯仰角观测值，其中 $i=1$，2，$\cdots$，N。

标校数据的样本量 n，取值为 50～100，标校数据的统计方法如下。

距离误差均值为

$$\mathrm{AVE}(R_{\mathrm{rg}}) = \frac{1}{n} \sum_{i=1}^{n} (R_{ri} - R_{gi})$$

距离均方根误差为

$$\mathrm{RMSE}(R_{\mathrm{rg}}) = \sqrt{\frac{1}{n-1} \sum_{i=1}^{n} (R_{ri} - R_{gi})^2}$$

方位误差均值为

$$\mathrm{AVE}(A_{\mathrm{rg}}) = \frac{1}{n} \sum_{i=1}^{n} (A_{ri} - A_{gi})$$

方位均方根误差为

$$\mathrm{RMSE}(A_{\mathrm{rg}}) = \sqrt{\frac{1}{n-1} \sum_{i=1}^{n} (A_{ri} - A_{gi})^2}$$

俯仰角误差均值为

$$\mathrm{AVE}(E_{\mathrm{rg}}) = \frac{1}{n} \sum_{i=1}^{n} (E_{ri} - E_{gi})$$

俯仰角均方根误差为

$$\mathrm{RMSE}(E_{\mathrm{rg}}) = \sqrt{\frac{1}{n-1} \sum_{i=1}^{n} (E_{ri} - E_{gi})^2}$$

3. 方位角跟踪精度

结合雷达精度试验方案，可以对雷达方位角跟踪进行精度分析与评估。具体实现方式如下。

（1）以雷达试验条件为基准，选取同方向进入航路的各航次测量值与其相对应的 ADS-B 真值之差值为一次差。

（2）计算被试雷达探测目标的方位一次差数据；对方位角增加与减少、不同方向进入航路的一次差值要分别统计和计算。

（3）试验中，以目标机过航时雷达最大俯仰角或者最小斜距离来确定航路捷径点；且每一个有效航次的方位一次差曲线绘制完毕后，进行异常值剔除；

（4）将方位一次差数据结果进行分组和计算。

4. 俯仰角跟踪精度

结合雷达精度试验方案，可以对雷达俯仰角跟踪进行精度分析与评估。

对于俯仰角绘制一次差曲线、反常误差的剔除、计算航路一次差曲线的各个时刻代数平均值、分组及计算小组系统误差等，步骤和方法均与方位角相应的计算方法相同，而且分组间隔的大小与方位角相一致或者是说以方位角误差分组为标准进行。

不同之处有两点：一是对俯仰角误差不存在向斜平面换算问题，因为它们本身就在斜平面之内；二是计算俯仰角与斜距离的独立与从属系统误差与方位角有所不同，不需要用方位角增加与方位角减少的不同方向的对应小组系统误差来计算，只需要用航前与航后对应小组的系统误差相加或相减再平均来计算。

具体实现方式如下。

（1）以雷达试验条件为基准，选取同方向进入航路的各航次测量值与其相对应的 ADS-B 真值之差值为一次差。

（2）计算被试雷达探测目标的俯仰角一次差数据。

（3）计算各组俯仰角独立系统误差。

（4）计算各组俯仰角从属系统误差。

（5）计算全航路俯仰角加权平均独立系统误差与加权平均从属系统误差。

5. 目标连续跟踪时间

（1）选取 ADS-B 航迹连续的目标作为参照。

（2）将雷达探测设置为全自动录取状态，并将探测目标数据上报至雷达动态性能评估软件。

（3）分别选取不同方位、不同距离段以及不同高度层上的民航目标作为统计对象。

（4）表 9.5 所列为雷达连续跟踪时间统计表，按表中所列参数对 ADS-B 和雷达跟踪目标时间进行统计记录。

（5）对结果进行加权统计分析，综合评估对目标的连续跟踪时间。

表 9.5　雷达连续跟踪时间统计表

___架___航、___高度___机型___临近、远离___年___月___日

批号	距离起止	方位起止	俯仰起止	ADS-B 连续跟踪时间	连续跟踪时间	备注

6. 最大跟踪目标数

（1）以 ADS-B 雷达动态性能评估设备接收的目标为基准，假设试验中 ADS-B 接收的目标数量为 m。

（2）将被试雷达设置到全自动跟踪录取状态，统计所有雷达航迹起始后连续稳定的数量 p。

（3）统计与 ADS-B 匹配的雷达跟踪目标数量为 n。

（4）利用公式计算 $r = n/m \times 100\%$。

（5）计算结果 p 表征了雷达最大跟踪目标的数量，r 表征了最大跟踪目标的能力。

7. 目标丢失重捕能力

（1）选取目标航迹连续稳定的 ADS-B 目标作为参考引导数据。

（2）目标丢失重捕能力（目标认为丢失，检验）在雷达跟踪飞机的过程中，分别在强信号和弱信号跟踪时，人为切换跟踪状态丢失目标。

（3）通过该 ADS-B 目标引导雷达重新捕获目标进行检验雷达的丢失重捕能力。

9.4.4 航迹处理能力评估方法

1. 航迹自动起始成功率

（1）以 ADS-B 雷达动态性能评估设备接收的目标航迹为基准，假设试验中 ADS-B 接收的目标数量为 m。

（2）将被试雷达设置到全自动跟踪录取状态，雷达进行自动起批，统计航迹自动起始成功且与 ADS-B 匹配的目标数量 n。

（3）利用公式计算 $r = \frac{n}{m} \times 100\%$，$r$ 表征了航迹自动起始的成功率。

2. 目标稳定跟踪能力

（1）选取 ADS-B 航迹连续的目标作为参照。

（2）将雷达探测的同批目标上报至雷达性能评估软件。

（3）设定雷达探测目标的数据率（或天线转速），计算 10min 内理论探测的点数为 m。

（4）在 ADS-B 连续稳定的航迹段内，以 10 min 作为一个统计时间间隔，统计各个时间间隔内雷达正确稳定跟踪目标的点数 n_i（$i = 1, 2, 3, \cdots$）。

（5）依据公式 $r_i = \frac{n_i}{m} \times 100\%$（$i = 1, 2, 3, \cdots$），分别计算在各个段内的跟踪比率。

（6）依据公式 $r_{\text{ave}} = \frac{1}{j} \sum_{i=1}^{j} r_i$ 计算目标稳定跟踪能力。

3. 航迹交叉不丢、不混批概率统计

（1）航迹交叉不丢概率统计如图 9.12 所示，选取航迹稳定连续的 ADS-B 目标作为参照，统计与雷达匹配且航迹交叉、易出现混批的架次数量，假定为 m。

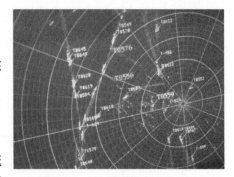

图 9.12　航迹交叉不丢概率统计

166

（2）统计与 ADS-B 目标匹配且航迹交叉后不丢、目标批次不混淆的架次数量，假定为 n。

（3）利用公式计算 $r = \frac{n}{m} \times 100\%$，$r$ 表征航迹交叉不丢、不混批的概率。

9.4.5 目标识别能力评估方法

1. 目标识别过程的目标检测能力

目前单站目标特性雷达种类虽然很多，但基本功能大同小异，主要包括一维成像、二维成像等。图 9.13 所示为 ADS-B 获取的目标机型和三维姿态信息用于 ISAR 识别比对的示例，基于 ADS-B 信息的雷达动态性能评估能够在目标识别过程中评估目标检测能力，并对不同算法的目标识别效果进行统计分析。

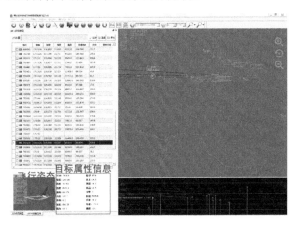

图 9.13　ADS-B 获取的目标机型和三维姿态信息用于 ISAR 识别比对示例

2. 目标架次分辨能力

在实际雷达系统应用中，由于航线上的目标密度越来越高，雷达操作员在目标起始上报的时候对目标的识别困难。另外，当目标飞行航线相同，仅飞行高度不同时，两个目标的回波在雷达显示屏上显示在一起，雷达难以对目标进行有效的识别，尤其在雷达受干扰的情况下。

图 9.14 所示为 ADS-B 信息用于雷达目标分辨评估示例一，针对某型雷达的 T0576 和 T0556 批目标，通过 ADS-B 得知此处有两批目标，通过距离方位信息，雷达操作员很容易地正确起始两个目标，并进一步观察雷达对两个目标的跟踪情况，评估雷达对相邻目标的分辨能力。

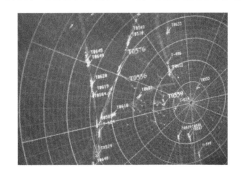

图 9.14　ADS-B 信息用于雷达目标分辨评估示例一

图 9.15 所示为 ADS-B 信息用于雷达目标分辨评估示例二，在雷达显示方位的 90°~180°内，目标回波被拉长，难以辨别这么长的回波是单个目标还是多个目标。利

用 ADS-B 将目标进行起始后，雷达无法有效地跟踪目标，目标分辨识别能力较弱。

图 9.16 所示为 ADS-B 用于雷达受干扰情况下的目标分辨评估示例，ADS-B 数据能够很好地评估雷达对目标的分辨识别能力。另外，ADS-B 具有丰富的机型、航线和姿态信息，能够为目标的身份作辅助识别。

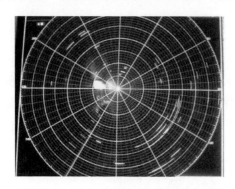
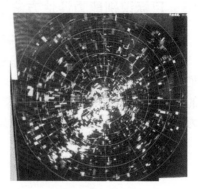

图 9.15　ADS-B 信息用于雷达目标分辨评估示例二

图 9.16　ADS-B 用于雷达受干扰情况下的目标分辨评估示例

3. 目标属性正确识别概率计算

利用 ADS-B 雷达性能评估设备获取目标的机型信息（包括主流的空客、波音飞机）为雷达一维成像和 ISAR 成像结果进行辨识。结合飞机的机型尺寸、航向、升速及相对雷达的视角等参数构建相对雷达的三维姿态模型，评估雷达一维像和 ISAR 成像的算法模型，具体流程如下。

（1）将雷达开机，设置到全自动跟踪录取工作状态。

（2）将雷达情报数据上报至 ADS-B 雷达动态性能评估设备中，与 ADS-B 目标关联匹配。

（3）统计与雷达关联且解码出机型信息的 ADS-B 目标数量，假定为 m。

（4）筛选与 ADS-B（能够解码出机型信息）目标关联的雷达目标。

（5）对筛选后的雷达目标属性通过 ADS-B 属性信息进行识别验证，并统计正确识别的数量，假定为 n。

（6）利用公式计算 $r = \frac{n}{m} \times 100\%$，$r$ 即是对目标属性正确识别的概率。

9.5　小　　结

本章主要阐述了基于 ADS-B 信息开展雷达系统误差标定的工程应用，克服了常规有源误差标定和军机检飞标定的不足，极大地提高了雷达系统误差标定的效率。实际工程运用表明，基于 ADS-B 信息的雷达误差标定的精度满足雷达系统误差标定的需求，且基于多目标、多机型、多姿态信息的雷达动态误差标定能更准确地反映雷达的系统误差及其动态性能。

此外，本章还给出了基于 ADS-B 信息对雷达探测目标精度、威力范围、目标跟踪、航迹处理和目标识别的关键性能指标开展评估的方法，能够开展雷达能力层和指标层性能指标的全面评估。

参 考 文 献

[1] 苑文亮，唐小明，朱洪伟，等. 基于 ADS-B 数据的雷达标校新方法[J]. 舰船电子工程，2010：30(3)：147-150.

[2] 邓斌. 雷达性能参数测量技术[M]. 北京：国防工业出版社，2010.

第10章　基于 ADS-B 航迹数据的雷达性能 分析应用

基于 ADS-B 航迹数据的雷达系统性能分析，是利用探测目标的 ADS-B 数据对雷达探测的数据进行比对、处理和分析，评估雷达的整体性能，分析雷达性能存在的不足，找出问题可能存在的原因，得出雷达探测距离、方位角和俯仰角的系统误差，研究基于航迹的雷达系统性能分析模型，分析误差产生的原因，发现雷达的设计缺陷，完善雷达设计方法和性能测试过程。

10.1　雷达性能逆推分析方案

基于 ADS-B 航迹数据的雷达系统性能逆推分析的总体方案为：首先针对不同型号的雷达，获取并分析雷达与 ADS-B 的航迹信息，找出该型雷达是否存在共性问题；其次针对共性问题，分析问题产生的原因；再次依据雷达生产厂家反馈的信息，开展基于 ADS-B 航迹数据的雷达系统性能逆推。

基于航迹数据的雷达系统性能逆推，首先需要获取 ADS-B 数据，并与采集的雷达数据进行比对分析，为此我们基于 ADS-B 与雷达数据实时比对分析软件，通过实时接收空域中民航飞机播报的位置数据，依据第 7 章的处理方法，将经、纬度位置数据变换到雷达坐标系，与雷达三坐标数据进行航迹比对，利用空间误差方法估计给出距离、方位及俯仰角系统误差的数据曲线，并针对同高度、同机型及同姿态目标开展雷达探测威力范围评估，形成被测雷达的性能测试报告。

10.2　基于 ADS-B 和雷达航迹数据的性能逆推分析

在对空情报雷达以及各研究所高精度雷达系统误差标定过程中，基于 200 余部、20 余个型号的雷达数据，通过 ADS-B 航迹数据比对分析的方法，对雷达系统的性能进行了评估，发现同一型号雷达的测距误差表现出很好的一致性，而测方位误差不具有一致性。对于三坐标雷达，测高误差具有一定的规律性。下面给出基于 ADS-B 航迹数据比对曲线的详细雷达性能分析。

10.2.1　同型号雷达的距离系统误差分析

为了说明同一型号雷达的测距误差具有很好的一致性，首先对有代表性的型号 1 雷达和型号 2 雷达为例，分别对不同雷达站的雷达误差标定结果和航迹比对曲线进行统计分析，其中型号 1 雷达系统误差标定结果如表 10.1 所列，型号 2 雷达系统误差标定结果如表 10.2 所列。

A 站型号 1 雷达航迹比对曲线如图 10.1 所示，对应的距离偏大 1200m，方位偏小 0.3°，B 站型号 1 雷达航迹比对曲线如图 10.2 所示，对应的距离偏大 1200m，方位偏小 0.9°，C 站型号 1 雷达航迹比对曲线如图 10.3 所示，可以看出距离偏大 1500m，方位偏小 0.75°，D 站型号 1 雷达航迹比对曲线如图 10.4 所示，对应的距离偏大 1470m，方位偏大 0.4°。对比分析图 10.1～图 10.4 所示的型号 1 雷达航迹比对曲线，可以看出，一次雷达的测距误差在 1200m～1500m 内，

表 10.1　型号 1 一次雷达误差标定结果

站名	方位/(°)	距离/m
A 站	−0.3	+1200
B 站	−0.9	+1200
C 站	−0.75	+1500
D 站	+0.4	+1470
设计指标	0.5	500

而该型雷达的距离误差设计指标为 500m。显然，实测数据的系统误差远大于雷达的设计指标，这表明雷达在测距方面存在问题。

表 10.2　型号 2 一次雷达误差标定结果

站名	方位/(°)	距离/m	高度	威力
E 站	−0.1	+100	测高在 90km 处为 300m	300km；测试条件：ADS-B 批号 71BF09，机型 A333，方位 153°，航向 150°，高度 11582m
F 站	−0.1	+50	测高在 175km 处，俯仰角 2.7°，误差为−500～−1000 m	300km；ADS-B 批号 7800F5，机型 A333，方位 215°，航向 212°，高度 9784m
G 站	+0.7	+100	测高：40～100km，俯仰角 9°～4°误差 300m；180km，俯仰角 2°，误差 1000m，波动较大	290km；测试条件：ADS-B 批号 8A01D3，机型 A332，方位 95°，航向 199°，高度 12192m
H 站	+1	+100	测高：80～100km，俯仰角 3°误差 500m 内；200km，俯仰角 3°，误差 1000m 内，260km，俯仰角 1.2°，1100m，波动较大	300km；测试条件：ADS-B 批号 780855，机型 A320，方位 244°，航向 227°，高度 9174m
设计指标	0.3	50	100km 内，俯仰角 0.8°以上为 500m；160km，0.8°为 1000m	

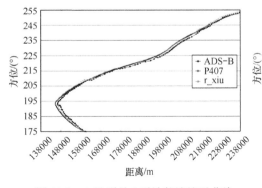

图 10.1　A 站型号 1 雷达航迹比对曲线

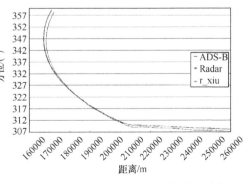

图 10.2　B 站型号 1 雷达航迹比对曲线

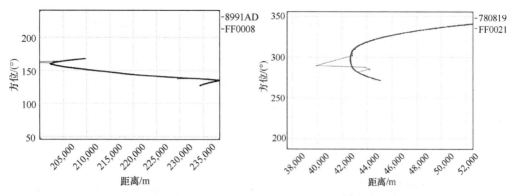

图 10.3　C 站型号 1 雷达航迹比对曲线　　图 10.4　D 站型号 1 雷达航迹比对曲线

为了说明基于航迹数据误差标定的稳定性和准确性,对高精度型号 2 三坐标雷达同样采用基于航迹数据比对的方法,得到图 10.5 所示的 E 站型号 2 一次雷达航迹比对曲线,图 10.6 所示为 E 站型号 2 一次雷达距离-高度比对曲线,图 10.7 所示为 F 站型号 2 一次雷达航迹比对曲线,图 10.8 所示为 F 站型号 2 一次雷达距离-高度比对曲线,图 10.9 所示为 G 站型号 2 一次雷达距离方位比对曲线,图 10.10 所示为 G 站型号 2 一次雷达距离-高度比对曲线,图 10.11 所示为 H 站型号 2 一次雷达距离-方位度比对曲线,图 10.12 所示为 H 站型号 2 一次雷达距离-高度比对曲线,综合对比分析图 10.5～图 10.12 所示的结果,可知测得的距离系统误差为 50~100m,而型号 2 的设计指标为 50m,距离系统误差基本满足设计指标。为了进一步得到航迹数据比对结果的一致性,对所采集的雷达数据进行了全面分析,统计系统误差的规律性,发现同型号雷达距离误差具有一致性,这表明雷达在研制阶段就存在一定的系统误差,当雷达定型后,系统误差在生产阶段没有消除,一直存在。

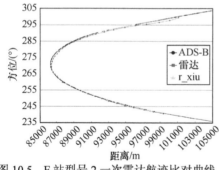

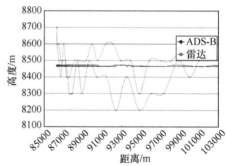

图 10.5　E 站型号 2 一次雷达航迹比对曲线　　图 10.6　E 站型号 2 一次雷达距离-高度比对曲线

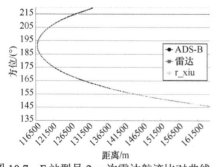

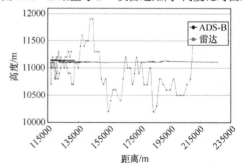

图 10.7　F 站型号 2 一次雷达航迹比对曲线　　图 10.8　F 站型号 2 一次雷达距离-高度比对曲线

172

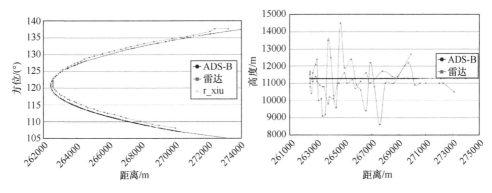

图 10.9　G 站型号 2 一次雷达距离–方位
比对曲线

图 10.10　G 站型号 2 一次雷达距离–高度
比对曲线

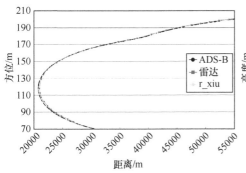
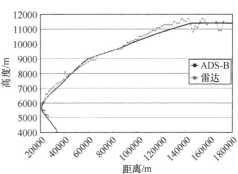

图 10.11　H 站型号 2 一次雷达距离–方位
比对曲线

图 10.12　H 站型号 2 一次雷达距离–高度
比对曲线

典型雷达精度误差统计如下。

（1）型号 1 一次雷达距离误差为+1300m，二次雷达距离误差为+500m。

（2）型号 2 一次雷达距离误差为+100m，二次雷达距离误差为+200m。

（3）型号 3 一次雷达距离误差为−300m。

（4）型号 4 一次雷达距离误差为+1200m，二次雷达距离误差为+1200m。

（5）型号 5 一次雷达距离误差为−1000m。

（6）型号 6 一次雷达距离误差为+700m。

（7）型号 7 一次雷达距离误差为+1500m。

（8）型号 8 一次雷达距离误差为−800m。

（9）型号 9 一次雷达距离误差为+2600m。

雷达距离系统误差出现的原因一般是由于发射、接收分系统延时误差在设计阶段未明确测试，没有进行相应的修正。此外，在脉压信号处理环节也存在数据未对齐的情况。

在与雷达生产厂家进行技术交流的过程中，型号 7 雷达在设计之初没有明确测试系统的延时问题，雷达脉冲码组存在延时误差，导致距离误差偏大 1500 m。设计师在研制阶段曾意识到这个问题，但是由于当时没有方便精确的设备来计算测距误差，仅通过固定地标回波测距的方法测得的误差较大，导致雷达出现较大的系统偏差。研究所发现其雷达在脉压信号处理阶段有延时，在延时补偿后，距离系统误差能够减小。

此外，在对某所高精度某型号雷达数据比对过程中，对其军检后的雷达数据进行系统误差标定，发现其测距误差为+3000m；由于该雷达刚刚检飞完毕，已经验收合格，不可能出现如此大的偏差。经过仔细分析信号处理的各环节，最终发现在数据采集比对前，某工程师为了更好地测试信号，人为地在程序中加入了一个 20μs 的延时。

10.2.2　同型号雷达的方位误差分析

统计分析型号 2 和型号 7 系列雷达的误差，得到型号 2 系列雷达误差统计结果如表 10.3 所列，型号 7 系列雷达误差统计结果如表 10.4 所列，可以发现其方位误差标定结果不具有一致性。这是由于雷达定北方法多样，有寻北仪寻北、固定地标寻北、同一雷达站的多部雷达方位以其中某一部雷达的方位作为定北参考基准等多种方法。这些方法误差量级不同，引入的定北误差相差较大。另外，在对寻北仪精度验证过程中发现寻北仪寻北的误差有时也较大。以 E 站型号 2 雷达为例，通过寻北仪寻北后，测得的方位误差仍然为 1.5°。

表 10.3　型号 2 系列雷达误差统计结果

序号	型号	方位误差/(°)	距离误差/m	参考标准
1	型号 2	−2.8	1000	0.5°，75m
2	型号 2	2	1200	0.5°，75m
3	型号 2	1.5	1200	0.5°，75m
4	型号 2	1.2	1400	0.5°，75m

表 10.4　型号 7 系列雷达误差统计结果

序号	型号	方位误差/(°)	距离误差/m	参考标准
1	型号 7	1.5	100	0.3°，50m
2	型号 7	0.1	100	0.3°，50m
3	型号 7	0.1	50	0.3°，50m
4	型号 7	−2.4	100	0.3°，50m
5	型号 7	0.7	100	0.3°，50m
6	型号 7	1	100	0.3°，50m

10.2.3　雷达工作模式参数变换引起的性能变化

为了分析雷达工作模式参数变换引起的性能变化，以型号 14 雷达不同工作模式下的性能变化为例。图 10.13 所示为型号 14 雷达高重频正常分辨跟踪性能测试结果，图 10.14 所示为型号 14 雷达中重频 I 正常分辨跟踪性能测试结果，图 10.15 所示为型号 14 雷达中重频 II 正常分辨跟踪性能测试结果，图 10.16 所示为型号 14 雷达高重频正常分辨跟踪性能测试结果，图 10.17 所示为型号 14 雷达中重频 I 高分辨跟踪性能测试结果，图 10.18 所示为型号 14 雷达低重频高分辨跟踪性能测试结果。通过综合对比分析图 10.13～图 10.18 所示的型号 14 雷达的距离-方位曲线，得到型号 14 雷达不同工作模式下距离误差标定结果如表 10.5 所列，可以发现工作模式从低参差到中重频改变时，方位误差出现跳跃，从 3.7° 的修正量变为 5.2°，相差 1.5°，距离误差也发生 200m 的变化；工作模式在正常分辨时，方位波动小，而在高分辨情况下，方位波动有增加的趋势，雷达工作模式改变会引起雷达性能的变化。

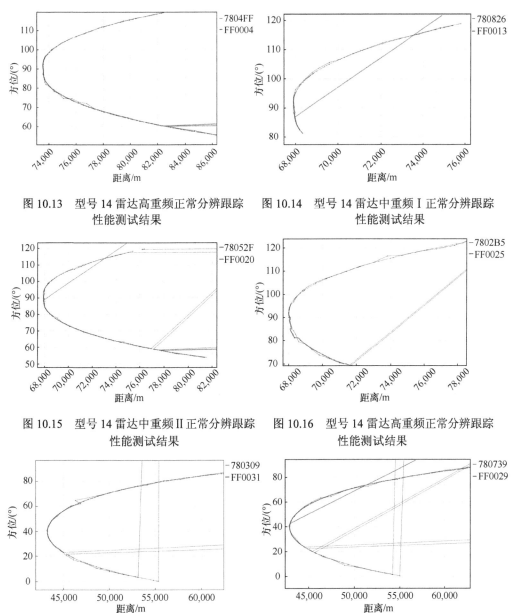

图 10.13　型号 14 雷达高重频正常分辨跟踪性能测试结果

图 10.14　型号 14 雷达中重频 I 正常分辨跟踪性能测试结果

图 10.15　型号 14 雷达中重频 II 正常分辨跟踪性能测试结果

图 10.16　型号 14 雷达高重频正常分辨跟踪性能测试结果

图 10.17　型号 14 雷达中重频 I 高分辨跟踪性能测试结果

图 10.18　型号 14 雷达低重频高分辨跟踪性能测试结果

表 10.5　型号 14 雷达不同工作模式下距离误差标定结果

重频	低分辨	高分辨率
	距离误差/m	距离误差/m
低重频	−670	−400
中重频Ⅰ	−540	70
中重频Ⅱ	−200	
高重频	−210	40

10.2.4　三坐标雷达探测性能比较分析

图 10.19 所示为型号 2 雷达在高低俯仰角的跟踪情况，在近距离高俯仰角处偏差较大，图 10.20 所示为型号 2 雷达仰角高低俯仰角跟踪情况，其中在高俯仰角处测得的偏差较大，在高俯仰角处，高度偏差 700m。在低俯仰角处，测高波动也较大。

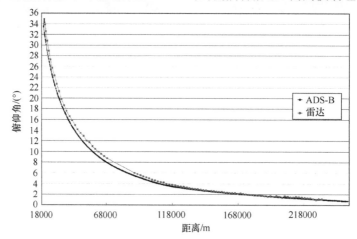

图 10.19　型号 2 雷达在高、低俯仰角的跟踪情况

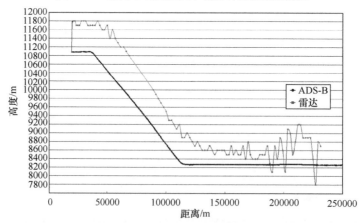

图 10.20　型号 2 雷达仰角高、低俯仰角跟踪情况

图 10.21 所示为型号 15 雷达的距离-方位性能比对曲线，图 10.22 所示为型号 15 雷达距离-俯仰角性能比对曲线，图 10.23 所示为型号 15 雷达距离-高度性能比对曲线，综

合对比分析距离-方位、距离-俯仰角、距离-高度性能曲线后，可以发现型号 15 雷达修正结果为距离增加 100m，方位减小 0.5°，俯仰角和高度吻合较好，在距离 140km，高度 11500m 以上出现一定波动。在距离和方位上型号 15 雷达与型号 2 雷达探测结果都具有一致性，探测精度较高，但在距离和俯仰角上，型号 15 雷达更具有稳定性和高精度性，而型号 2 雷达的距离和俯仰角结果波动性较大，不如型号 15 雷达的稳定性好。

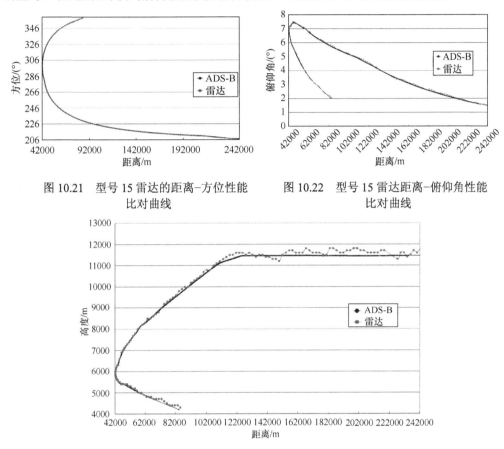

图 10.21 型号 15 雷达的距离-方位性能   图 10.22 型号 15 雷达距离-俯仰角性能
　　　　　　比对曲线　　　　　　　　　　　　　　　　比对曲线

图 10.23 型号 15 雷达距离-高度性能比对曲线

选取的 E 站和 F 站的型号 2 雷达，分析其距离-方位、距离-俯仰角以及距离-高度曲线，并与型号 15 雷达进行比对分析。图 10.24 所示为型号 2 雷达距离-方位未修正的性能比对曲线，图 10.25 所示为型号 2 雷达距离-俯仰角未修正性能比对曲线，波动较大，图 10.26 所示为型号 2 雷达距离-高度比对曲线，在高度 10800m、距离 120km 以上，高度波动大，图 10.27 所示为型号 2 雷达距离-俯仰角比对曲线，与型号 15 雷达相比，俯仰角波动较大，图 10.28 所示为型号 2 雷达距离-高度比对曲线，综合对比分析后可以看出在 120km 高度 9500m 以上波动偏大，E 站型号 2 雷达距离误差标定结果为 +50m，优于 G 站型号 15 雷达的距离和方位性能，而俯仰角波动较大，较 G 站型号 15 雷达性能差，尤其是在距离 120km、高度 10800m，高度波动较 G 站型号 15 雷达大。而型号 2 雷达同样存在俯仰角波动较大的问题，图 10.27 是型号 2 雷达距离–俯仰角比对曲线，与对应的型号 15 雷达距离–俯仰角比对曲线比较，俯仰角波动明显较大。其对应的距离和高度图中可以明显看出，尤其是在距离 120km、高度 9500m 以上时，高度偏差大于 1000m，其测高性能不如 G 站型号 15 雷达。

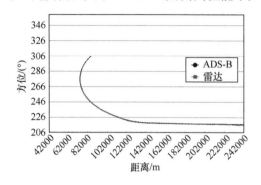

图 10.24　型号 2 雷达距离–方位未修正的
性能比对曲线

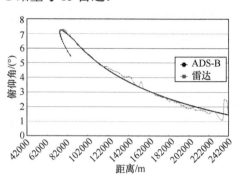

图 10.25　型号 2 距离–俯仰角未修正
性能比对曲线

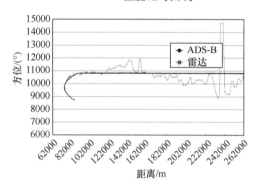

图 10.26　型号 2 雷达距离–高度比对曲线

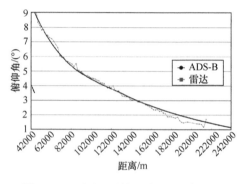

图 10.27　型号 2 雷达距离–俯仰角比对曲线

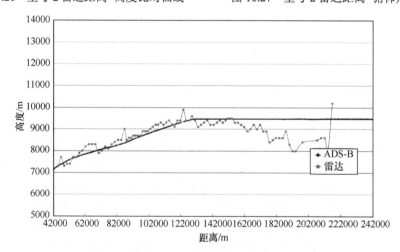

图 10.28　型号 2 雷达距离–高度比对曲线

10.2.5 杂波区目标跟踪分析

雷达在杂波区域进行目标自动录取时，较容易跟踪到杂波点上，导致录取的数据中出现跳点的情况，以下是对几部不同型号的雷达在杂波区的录取和跟踪测试情况。

（1）图 10.29 所示为型号 1 雷达在杂波区的航迹录取性能，A 站型号 1 雷达在杂波区域跟踪波动较大，偏离目标真值航迹，容易录取到杂波上去。

（2）图 10.30 所示为型号 2 雷达在（40km，110°）至（67km，60°）区间出现丢点，导致跟踪性能较差。

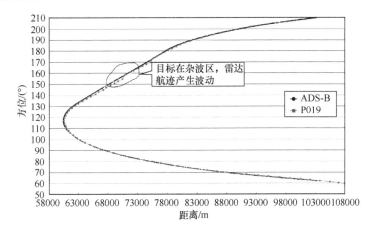

图 10.29　型号 1 雷达在杂波区的航迹录取性能（出现一定波动，偏离目标真值航迹）

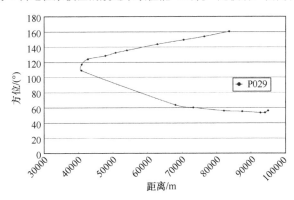

图 10.30　型号 2 雷达在（40km，110°）至（67km,60°）区间出现丢点

10.3　小　　结

本章基于 ADS-B 数据和雷达航迹实测数据，开展了实际同型号雷达系统各项性能分析，能够很好地发现雷达系统测距测角等方面的性能误差，但由于雷达系统性能下降的原因复杂，未能给出导致性能下降的具体原因。如同一型号的雷达系统，导致其系统距离误差产生的原因是由系统时延导致的，但是系统时延有多种情况，如脉冲发

射、定时脉冲测量、波导时延、电子线路时延、脉冲压缩后脉冲前沿检测等。本章给出的基于 ADS-B 航迹的雷达系统性能逆推分析对完善雷达设计方法和交装前的性能测试过程，对提升雷达作战能力大有裨益。

参 考 文 献

苑文亮，唐小明，朱洪伟，等. 基于 ADS-B 数据的雷达标校新方法[J]. 舰船电子工程，2010；30(3)：147-150.

第 11 章　总结与展望

本书较系统和深入地讨论了 ADS-B 信息的生成、接收解码、纠错、交叠信号分离等技术，分析了 ADS-B 数据的精度、准确性、稳定性、实时性，完成了基于 ADS-B 航迹数据的雷达性能测试验证方法研究，研制了基于 ADS-B 信息的雷达系统标校系统，推广了基于 ADS-B 信息的雷达性能标校工程应用。

本章首先回顾本书的主要理论成果，然后结合本书研究的范畴，对后续工作中可进一步研究的技术方向给予了展望。

11.1　研究成果总结

针对空管领域 ADS-B 的关键技术及其在雷达性能测试验证领域的应用问题，本书开展了以下研究工作。

（1）研究了基于 S 模式的 ADS-B 信号生成技术。对基于 1090ES 数据链的 ADS-B 位置信息格式进行了详细分析，并同其他两种数据链进行了对比；开展了位置信息编码的 CPR 算法的研究，并做了编码精度及可行性分析；提出了信号生成总体方案，依此选定实现的硬件环境，并对实现过程中的关键环节进行了分析和技术突破；通过发射接收试验，验证信号生成的正确性和可行性。

（2）研究了 ADS-B 应答信号的接收解码及纠错技术。对报头检测的方法进行了研究和改进，提出了一种具有一定抗尖峰干扰和容错能力的改进相关检测报头方法。针对 ADS-B 信号接收中普遍存在的丢点问题，研究了多通道接收进行融合纠错的理论依据和现实前提并进行了双通道接收解码的实现。

（3）研究了交叠 ADS-B 信号的分离算法。针对在繁忙机场和密集航线的空域，ADS-B 信号相互交叠的情况越来越频繁，现有算法无法同时解决信号完全交叠和交叠个数超过两个的问题，提出了一种通过先估计信号 DOA 再构建分离矩阵实现多个交叠信号分离的 SABM 算法。通过对 SABM 算法原理的分析、推导及分离性能的仿真验证，结果表明该算法在性能上优于投影类算法，计算量上优于 ICA 类算法，具有很好的工程可实现性。

（4）针对 S 模式应答信号的特点，提出以较低频率进行解码，在局部进行高频采样的方法获取信号的高精度 TOA 信息的方法。对解码结果以及提取的 TOA 精度进行分析，结果表明，解码方法具有解码率高的特点，提取的 TOA 的误差在几十纳秒，精度较高；受基于已知位置的固定发射站用于站间同步思路的启发，在研究了 ADS-B 误差的类型、特征及表现形式后，提出了利用已知位置 ADS-B 源来进行站间同步的方法，该方法可以有效降低 ADS-B 位置误差对同步精度的影响。根据实际环境中测得的

ADS-B 位置误差量级构建仿真条件，仿真了在不同航迹下对多站时间同步的精度。结果表明，该方法可达到亚纳秒级的同步精度，远优于直接利用 ADS-B 数据进行同步的效果，并在分析 ADS-B 航迹质量的基础上给出了航迹优选方法，以提高 ADS-B 航迹和待同步站在不同几何位置关系下的同步精度。

（5）开展了基于 ADS-B 信息的雷达性能评估工程运用，确立了雷达探测目标精度、威力范围、目标跟踪、航迹处理和目标识别的关键性能指标的验证方法，对雷达威力范围（高空、低空及远距离）、精确性（距离、方位、高度、速度、航向、时间戳）、准确性（架次分辨、判性）、稳定性（连续性、丢点、异常点处理等）等性能进行了综合分析，提出适合不同精度雷达性能测试标定的方法，完成了 ADS-B 数据性能分析，研制了基于 ADS-B 信息的雷达性能测试验证设备，开发了基于 ADS-B 的雷达性能测试验证分析评估软件，基于大量实测数据，开展了基于 ADS-B 航迹数据的雷达性能分析。在雷达标校工程应用中，克服了以往需要协调空中配试目标存在的安全风险高、装备损耗大、空域协调困难等问题，可随时开展雷达性能验证，具有覆盖范围大、精度高、成本低、通用性好、可扩展能力强等优势，为提高机载雷达目标探测性能评估提供了重要技术和数据支撑。

11.2　研究方向展望

11.2.1　ADS-B 性能提升及工程实现

本书结合科研项目对 ADS-B 信号生成接收解码系统中一些关键技术进行了一定程度的研究和实践，并提出了一些相关解决方法，但有些算法没有得到实现。针对本书研究的范畴，有以下几个方面还需要进一步研究分析。

（1）本书提出的基带归一化互相关检测方法和主流的基于脉冲位置及上升沿的报头检测方法相比互有优势，在本书中没有评估两种方法抗同频干扰（包括 A/C/S 模式应答、ADS-B 等）、多径干扰的能力。下一步将考虑两者的抗干扰能力，并吸取各自的优点，研究具有良好低信噪比检测性能的抗干扰检测算法。这将为星载 ADS-B 信号接收机从算法上打下坚实基础。我们已研制出的星载 ADS-B 信号接收机如图 11.1 所示，将 ADS-B 信号接收机搬上低轨卫星以实现对全球航空器的无缝监视是一个趋势，已开展搭载试验。

（2）本书的纠错算法针对塔康、DME 及 A/C 应答干扰有良好的效果，但在对 S 模式应答信号成功纠错的同时丢弃了有用的 A/C 应答信号。下一步将研究在单天线单通道下使用纠错算法处理被干扰信号的同时又能对干扰信号进行解码。

（3）本书提出的针对 ADS-B 交叠信号的 SABM 分离算法尚未进行工程实现，下一步考虑利用 ADI 公司推出的多通道收发芯片 AD9361 和 Xilinx 公司推出的 ZC706（FPGA+ARM 架构）开发平台，来验证对比各种分离算法的性能。

AD9361 集成了可调本振、混频器、滤波器、低噪声放大器、A/D 采样，一个芯片完成了一个传统接收机的功能，多个芯片集成在一起使用可以形成具有同步时钟的多通道接收机。

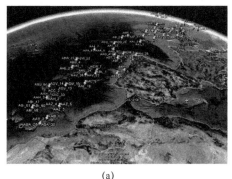
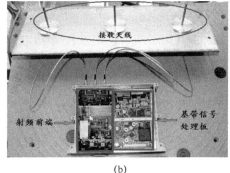

(a)   (b)

图 11.1　星载 ADS-B 信号接收机

（a）星载接收机收到的航空器信息；（b）星载 ADS-B 接收机正样。

ZC706 采用 Xilinx 公司的 ZYNQ7000 系列中的 XC7Z045 芯片，集成了 Kintex 7 系列的 FPGA 芯片和双核 ARM，具有强大的功能及灵活性。在该平台上可以验证不同阵元数量、不同阵列形式下的分离性能。

针对架设在机场附近的接收机可能受到多径干扰影响的情况，研究独立源和相干源同时存在时的分离算法。图 11.2 所示为 ADS-B 信号发射设备，为下一步研究多径信号交叠的分离算法提供硬件基础。

（4）图 11.3 所示为精细化时钟校正示意图，在对信号 TOA 进行校正时，对 1s 内的时钟周期计数皆为整数，而实际上在 1s 内时钟的振荡次数通常并不是一个整数，要达到更为精确的校正结果需要对小数个周期进行测量。

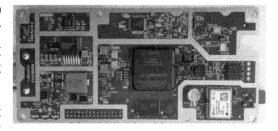

图 11.2　ADS-B 信号发射设备

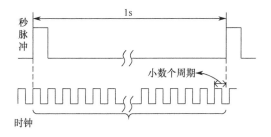

图 11.3　精细化时钟校正示意图

11.2.2　ADS-B 信息真伪识别

ADS-B 是空管系统的核心技术之一，但其通过自动广播其识别号、位置、速度等信息使空管系统获得对目标监视能力的方式具有安全隐患。通过信号模拟器可以容易地生成各种假报文进行发射，从而达到扰乱甚至使空管系统瘫痪的目的，增强 ADS-B 系统抗假目标干扰的能力是一个亟待解决的问题。

ADS-B 目标的真伪性无法通过自身得到验证，必须利用其他手段获取更多的信息进行检验。从美国、欧盟等主要航空大国和地区发布的 ADS-B 应用路线图以及应用案例来看，ADS-B 通常和 MLAT/WAM 系统一起使用。MLAT/WAM 系统既可以通过接收包括 ADS-B 信号在内的 ADS-B 应答信号进行时差定位，也可以通过接收 ADS-B 信号实现对具有 ADS-B OUT 功能的航空器的监视。通过对比从两种技术途径获取的具有 ADS-B OUT 功能的航空器的位置信息可以实现对 ADS-B 目标真伪识别。

文献[1]利用二次雷达信息和 ADS-B 信息相关联来识别目标真伪，但该方式无法识别仅有机载 ADS-B 系统的航空器（如通航飞机）或故意关闭 ADS-B 机载应答机的航空器的真伪。通过多站定位系统以及一次雷达系统获取欺骗式目标的方位、位置信息以及其他目标属性来实现对目标真伪的识别具有重要意义。

1. 基于测向信息的目标真伪识别

常规的欺骗式干扰源一般在地面进行发射以干扰某个区域内（如机场）的接收机。在这种情况下，由于山体、建筑等物体的遮挡，多站定位系统中的接收站通常不能实现对该干扰源的共视，即只有部分接收站能接收到干扰源发出的信号，也就无法实现对其定位。若仅有一个接收站接收到该信号，在接收站采用阵列天线接收时可通过阵列信号处理对干扰信号测向并同根据位置报文计算出的理论方位值进行比对来判别目标的真伪。若有两个接收站同时接收到干扰信号，则可通过双站时差测向法测量干扰源方位。

在基于阵列天线接收的信号测向算法中，MUSIC 算法是最为经典的两种信号 DOA 估计算法。MUSIC 算法测向的思想是利用量测的协方差矩阵的信号子空间与噪声子空间正交的属性，对信号 DOA 进行估计。在非相干或者相干程度较小的信号环境下，MUSIC 算法具有良好的角度分辨性能。但在某些环境中，由于信号反射产生多径，使得多个相干信号同时到达接收机，此时量测协方差矩阵就会变成奇异阵，信号子空间将向噪声子空间扩散，导致 MUSIC 算法的分辨性能恶化甚至失效。在对相干信源的处理算法中，比较经典的是空间平滑技术，如空间前向平滑技术（FSS）以及前后向空间平滑技术（FBSS）。文献[8]利用子阵输出的自相关及互相关信息，并通过对子矩阵进行加权平均的方法提高了空间平滑法对相干源的角度分辨性能。文献[2]针对空间平滑法存在阵列孔径损失的问题，提出实相干信号的估计方法，解决了孔径损失的问题，进一步提高了对相干源的角度分辨性能，且在信噪比较低的情况下仍能准确估计信号 DOA。当采用 8 阵元 ULA 进行接收时，对信噪比大于 5dB 的信号测向均方根误差不超过 0.5°。

当两个接收站同时接收到干扰信号，可采用双站时差测向法测量信号来向。测向均方根误差跟测时精度、基线长度和信号来向有关，可表示为

$$\sigma_\theta = \frac{180}{\pi} \cdot \frac{c\sigma_t}{2d\cos\theta} \tag{11.1}$$

式中：c 为光速；d 为基线长度；σ_t 为测时差精度；θ 为信号来向。在 $d = 15\,\text{km}$，时差测量误差均方根值小于 10 ns，则测向均方根误差在 $\theta \in [0°, 89°]$ 时皆小于 0.33°。

若根据干扰信号中的位置信息计算出信号的理论来向为 θ_T，则可通过

$$\theta_\text{T} \in (\theta - k\sigma_\theta, \theta + k\sigma_\theta) \tag{11.2}$$

来判断该信号是否可信，式中：k 为门限大小的系数。当多次的判断都指向某个目标为干扰目标后，则可通过设计一套判定规则将此目标列为虚假（干扰）目标进行过滤处理，从而达到抗干扰的目的。利用测向信息可在较大程度上实现对目标真伪的识别，但对于干扰信号形成的目标航迹正好在所测量的方位上运动时，则无法有效区分该目标的真伪。

2. 基于多站定位的目标真伪识别

若要对更大区域内的接收机实现干扰，势必要提高干扰源的高度。高空气球或者无人机都可以充当干扰源的搭载平台。在这种情况下，多站定位系统可通过测量信号达到各站的时间差对干扰源进行定位（假设所定出的位置为 P）。若从干扰信号中解码出的位置为 P_T，则可通过计算 $P_T - P$ 的 2 范数与该多站定位系统在位置 P 处定位精度的关系来判定信号真伪，即

$$\left| P_T - P \right|_2 < f(P) \cdot \text{GDOP}(P) \tag{11.3}$$

式中：$f(P)$ 为门限大小的系数，随着位置变化而变化。$f(P)$ 的形式应综合考虑虚警率和漏警率来设计。当一个识别号的多个点迹都被判伪后，则可通过设计一套判定规则，将此目标识别为假目标并作滤除处理。

3. 联合雷达探测的目标真伪识别

有的目标不是通过发射虚假的位置信息来扰乱监视系统，而是通过更改目标的属性来进行欺骗，如战斗机通过安装 ADS-B 系统将自身伪装成民航飞机，遂行侦察、干扰、作战等任务，则上述两种方法皆不能有效识别目标的真伪，但目标本身的尺寸（RCS大小）无法进行伪装。由于民航飞机相对于一次雷达位于不同的位置时，其回波中心是变化的，并利用 ADS-B 信息可以估计出飞机的尺寸大小。雷达的探测精度决定了对飞机尺寸大小估计的精度。若估计出的目标尺寸与通过数据库查询的目标尺寸不一致，则根据设计的判定规则来识别目标的真伪。

参 考 文 献

[1] 黄轲.二次雷达参与情况下的 ADS-B 虚假目标识别[J]. 电子技术与软件工程, 2015，16 (2): 52-53.

[2] 程小震，唐宏，付红卫，等. 一种改进的全阵空间平滑技术[J]. 电讯技术, 2010，50(3): 37-41.

[3] Evans J E, Johnson J R, Sun D F. High resolution angular spectrum estimation techniques for terrain scattering analysis and angle of arrival estimation[C]. Proc. 1st ASSP Workshop Spectral Estimation，1981: 134-139.

[4] Evans J E, Johnson J R, Sun D F. Application of advanced signal processing techniques to angle of arrival estimation in ATC navigation and surveillance systems[R].Lincoln Laboratory, 1982.

[5] Shan T J, Wax M, Kailath T. On spatial smoothing for direction-of-arrival estimation of coherent signals [J]. IEEE Transactions on Acoustics, Speech, and Signal Processing, 1985, 33(4): 806-811.

[6] Pillai S U, Kwon B H. Forward/backward spatial smoothing techniques for coherent signal identification [J]. IEEE Transactions on Acoustics, Speech and Signal Processing,1989, 37(1): 8-15.

[7] Williams R T, Prasad S, Mahalanabis A K, et al. An improved spatial smoothing technique for bearing estimation in a multipath environment [J]. IEEE Transactions on Acoustics, Speech and Signal Processing, 1988, 36(4): 425-432.

[8] 王布宏，王永良，陈辉. 相干信源波达方向估计的加权空间平滑算法[J]. 通信学报, 2003, 24(4): 31-40.

[9] Bresler Y, Macovski A. On the number of signals resolvable by a uniform linear array [J]. IEEE Transactions on Acoustics, Speech and Signal Processing, 1986, 34(6): 1361-1375.

[10]郁涛.一种长基线高精度时差测向算法[J]. 无线电工程, 2015, 45(9): 34-36.